防衛産業の地政学

これからの世界情勢を読み解くための必須教養

The Essential Knowledge
for Interpreting the Future
Global Landscape

The Geopolitics of the Defense Industry

防衛省 防衛研究所　主任研究官
小野圭司

かんき出版

はじめに――防衛産業は地政学的であり続ける

2022年2月に始まったロシアのウクライナ侵攻は、各国の防衛産業やその供給網が抱える意外な脆弱性を浮き彫りにした。

武器の不足に直面したウクライナでは、政府で外国からの武器支援を統括していた武器管理特別委員会のオレクサンドラ・ウスティノバ委員長が、報道機関の取材に「兵士と民間人を守るため、そしてこの戦いに勝つためなら、悪魔からでも武器を買う」と応じていた。対するロシアも弾薬不足に見舞われ、北朝鮮から100万発単位で砲弾を輸入している。

当事国だけではない。ウクライナを支援する欧州や米国では武器の在庫が少なくなり、それぞれ生産設備の拡張を急ぎ検討している。米国は武器の不足を補うために、日本や韓国に対してミサイルや弾薬の提供を依頼した。

さらにポーランドやバルト三国では、隣接するロシアの脅威が高まったとして、ロシアのウクライナ侵攻開始以降、韓国製自走砲などの武器調達数を増やしている。軍事的にはウクライナ・ロシア国境で起こった地域紛争だが、それを支える防衛産業の観点では、正に同盟国・友好国が地球規模で関わる地政学の問題となった。

ところが防衛産業に関しては、各国もそれぞれの経緯や事情が控えている。一口に「欧米」といっても欧州と米国では装備品開発を巡る環境に大きな違いがあり、「欧州」の中でも海洋国家の英国と大陸国家の独仏では類似点もさることながら相違点が目に付く。そんな独仏の間にも、中世以来の対抗意識が横たわる。

あまつさえ米国の国防省関係者の中には、「(英語国民である) 英国よりも日本との方が意思疎通は円滑だ」と言う者もいる。ジョンブル魂あふれる英国は、納得がいかなければ同盟国に対しても引き下がることはない。その点「議論で衝突するよりは相手に合わせる」日本人は、「意思疎通」を図りやすいのだろう。もっともそのような意思疎通が気にはなる。

ただし冷戦期の日本は武器の輸出や共同開発を行わず、防衛産業はいわば「箱入り娘」だった。それがここに来て急に国際共同開発案件が増え、武器の輸出も一定の条件下で認められるようになった。大事に育てられてきた娘さんが、いきなり強者《つわもの》ひしめき合う道場で武者修行を命じられたわけだ。

中国やロシアでも、各企業はそれぞれ伝統があり得意分野を持っている。しかし権威主義の政府はそんなことにお構いなしだ。結果として、何でもかんでも傘下に収める大食漢のような企業集団ができ上がる。社会主義計画経済が崩壊して市場経済が導入されてはいるが、基本的なところは変わっていない。権威主義政府の存在はお国柄であり、「市場経済の導入」といったイデオロギーを超越している感がある。

同時に防衛産業は「諸行無常」でもある。担い手が重工業からソフトウェア産業へ広がり、スタートアップ企業の台頭も著しい。領域もサイバー空間や宇宙へ広がっている。その様相も各国で異なり百人百様だ。防衛産業を巡って、これまでとは異なる国家間の連携と対立も生じるだろう。それだけではない。巨大テック企業は、国境にとらわれることなく主権国家を先導し、時に翻弄し始めている。

形を変えて複雑さを増しながらも、防衛産業を取り巻く状況はこれからも地政学的であり続ける。本書では、そのような防衛産業をマクロの視点から俯瞰してみる。

防衛産業の地政学　目次

contents

contents

contents

第4章 世界の防衛産業（Ⅲ）：ロシア・中国・その他

第5章 日本の防衛産業

第6章 防衛装備品の海外移転

第7章 防衛産業の新傾向と展望

contents

The Geopolitics of the Defense Industry

第1章

世界の国防支出と防衛産業の概観

防衛産業の顧客は軍なので、その市場規模は国防支出の大きさで決まる。どこの国でも国防支出の額は、国防力の構築計画に沿って決められる。さらに武器や装備品の開発・配備は10年単位の時間がかかる。こうしたことから、国防支出の大きな傾向は比較的安定している。冷戦以降、欧州各国では国防支出が逓減《ていげん》傾向にあり、経済力を向上させている中国はそれが増加傾向にある。

ところがここ数年間に、大きな変動要因が生じた。米国が同盟国に国防支出の分担を強く求めるようになったことと、2022年2月のロシアによるウクライナ侵攻だ。これらはそのまま、防衛産業の市場規模を決定する要因となる。

1

世界各国の国防支出

「軍隊の規模」をどう比べるか

軍事や安全保障を考える際、軍隊規模の国際比較は避けて通ることができない。ここで、はたと考えてしまう。軍隊の規模を比較するといっても、一体どうすればよいのか。

単純に考えても、軍隊の規模を表す数値には、兵員数や装備品の数などがある。そして、これらを用いて国際比較をするには大きな問題が2つある。

1つは、どの数値が比較の指標として適切かというものだ。一般的な傾向として、発展途上国の軍隊は装備品の数に比べて兵員数が多い。いわば労働集約的軍隊だ。先進国はその逆で、資本集約的となっている。これら労働集約的軍隊と資本集約的軍隊を、どう比べればよいのか。資本集約的な軍隊といっても、装備品には旧型もあれば最新式もある。また艦艇の多い軍隊と戦闘機の多い軍隊では、何をどう比較できるのか皆目分からなくなる。

そこで軍隊の規模を測る指標として、「国防支出」を用いることが多い。

もちろんこれも万能ではない。先進国は発展途上国に比べて物価が高いので、同じ能力を発揮する軍隊を整備するにしても必要となる資金量は先進国の方が多くなる。さらに国防支出の国際比較には「米ドル換算値」を用いるが、これは為替相場の影響を受ける。兵員数や装備品の数が同じでも、仮にA国通貨の対ドル為替相場が10%低下すると、ドルに換算された国防支出も10%少なくなる。このまま国際比較をすると、「A国の軍隊の能力は10%低下した」ということになる。

このような問題はあるものの、軍隊の規模の国際比較にはドル換算の国防支出が広く用いられている。

ここで、次の問題に突き当たる。国防支出で比較するにしても、「どこが」公表している値を用いるかということだ。

日本を含め先進国では行政情報が公開されているので、国防支出についても正確な値が入手できる。ところが世界には、行政情報の整理や公表が進んでいない国もあれば、国防関係の情報は国家機密ということで意図的に隠している国もある。

そこで研究機関などが発表している情報を用いることになる。この中でも伝統と定評があり、世界中でもっともよく用いられているのが、スウェーデンにある「ストックホルム国際平和研究所（通称：ＳＩＰＲＩ）」が毎年公開している値だ。ＳＩＰＲＩでは各国の公表値を基に、国防支出が非公表の国や公表していても値が怪しい国については、専門家が分析した値を発表している。

そこで本書でも、このＳＩＰＲＩが公表している値を用いることにする。

国防支出から見えてくる各国の事情

表１－１の①列に２０２３年の各国国防支出の上位21カ国の一覧を示す。

米国は世界最大の軍事大国であることは、国防支出の数値からも明らかだ。９１６０億ドルは日本円に換算すると１２９兆円（２０２３年の平均レート１ドル＝１４０・５６円で換算）で、日本の２０２３（令和５）年度一般会計予算１１４兆円を上回っている。

11隻の原子力空母も含めて世界中に軍隊を展開し、核戦力による抑止力を維持し、宇宙やサイバー領域においても軍事的優位を保とうとすると、これだけのカネが必要となる。

米国に次ぐ国防支出を計上している国は中国だ。「中国が国防費として公表している額は、実際に軍事目的に支出している額の一部に過ぎないとみられる。例えば、外国からの装備購入費や研究開発費などは公表国防費に含まれていない」[*1]。このため研究機関などが推計値を発表している。表にもある通り、SIPRIの推計は2964億ドルだ。ただ英国の国際戦略研究所(IISS)は3190億ドルと見ている[*2]。多少の差はあるものの、専門家の見立ては大体同じようなところに収まる。

そしてロシアが中国に次ぐ第3位となっている。2021年の値に比べて7割近い大幅増となっているが、これはウクライナ侵攻による戦費がロシアの国防支出を押し上げたことが原因だ。

他方でウクライナの国防支出は、日本を3割ほど上回る648億ドルである。これにもロシアの侵攻に対抗する戦費が含まれており、2021年に比べると9倍以上に増えている。

＊1　防衛省編『令和6年度版 日本の防衛──防衛白書』(日経印刷、2024年)67頁。
＊2　The International Institute for Strategic Studies, *The Military Balance 2024* (London: Taylor & Francis, 2024), p.253.

表1-1

各国の国防支出・上位21カ国（ドル換算値：2023年）

（単位：国防支出・百万ドル、国民1人当たりの国防支出・ドル）

順位	国名	① 国防支出（2023年）	② 対GDP比	③ 国民1人当たり	④ 増加率（対2021年）
1	● 米国	916,015	3.36%	2,694	13.6%
2	中国	296,439	1.67%	208	3.7%
3	ロシア	109,454	5.86%	758	66.1%
4	インド	83,575	2.44%	59	9.5%
5	サウジアラビア	75,813	7.09%	2,052	20.0%
6	● 英国	74,943	2.26%	1,106	15.1%
7	● ドイツ	66,827	1.52%	802	18.2%
8	ウクライナ	64,753	36.65%	1,762	838.7%
9	● フランス	61,301	2.06%	947	8.2%
10	○ 日本	50,161	1.20%	407	▲1.6%
11	○ 韓国	47,926	2.81%	926	▲5.8%
12	● イタリア	33,529	1.61%	604	▲1.9%
13	○ オーストラリア	32,340	1.92%	1,223	▲1.2%
14	● ポーランド	31,650	3.83%	772	106.9%
15	イスラエル	27,499	5.32%	2,997	13.0%
16	● カナダ	27,222	1.29%	702	7.3%
17	● スペイン	23,699	1.51%	499	21.3%
18	○ ブラジル	22,887	1.08%	106	19.3%
19	アルジェリア	18,264	8.17%	401	100.4%
20	● オランダ	16,625	1.53%	944	15.5%
21	台湾	16,613	2.17%	694	19.2%

註：●は北大西洋条約機構（NATO）加盟国。○はそれ以外に米国と同盟関係にある国。
出所：「SIPRIデータベース」より作成。

ここで韓国に注目しておこう。円とウォンのドル換算レートも関係するが、2021年と2022年は韓国の国防支出は日本とほぼ同額だった。ただ2023（令和5）年度は、日韓の国防支出の差が広がった。

もっともドルで換算した日韓の国防支出比較に大きな意味はない。その韓国は装備品輸出でも国を挙げて取り組んでおり、成功を収めつつある。もともと産業基盤が強固でもあり、今後韓国の防衛産業は大きく進展するものと考えられる。

産油国のカラクリと米国の言い分

国防支出が多い順に、そのまま国民の負担も大きいわけではない。経済規模の大きい国は国防支出を負担する余力はあるし、人口が多いと1人当たりの負担は少額であっても集計した国防支出は大きくなる。

この典型的な例はインドやブラジルだ。両国の国民1人当たりの国防支出はそれぞれ59ドルと106ドルに過ぎないが、人口が多いことから国防支出の順位では世界の上位に入っている（表1－1）。中国も1人当たりの国防支出は日本の約半分だが、人口は11倍もあるために国防支出は6倍近くとなっている。

もう1つの国防支出負担の指標が、国防支出の国内総生産（GDP）に対する比率である。GDPは国内の経済活動で生産された付加価値だ。我々はこれを消費することで「豊かな生活」を享受する。生産された付加価値の一部は消費しないで残しておき、それは将来の付加価値生産に使われる（投資）。

この付加価値を国防に回すということは、その分だけ消費を我慢するか、将来の付加価値生産を諦めることを、つまり「負担」を意味する。負担は小さければ小さいほどよいが、国際情勢がそれを許さない場合もある。

表1－1の②列は生産された付加価値のうち、どれだけが国防に充当されたかを示している。表の数字から気になるのは、石油・天然ガス産出国のサウジアラビア（7・09％）とアルジェリア（8・17％）の値が高いことだ。財政収入のうち石油・天然ガス収入が占める割合はアルジェリアで5割近く、サウジアラビアでは6割近くになる。

歳入のほとんどが税金である場合には、「国民から集めた税収を社会保障やインフラ整備で国民に還元する」ことが求められる。しかし石油・天然ガス産出国の歳入の多くは「地下から湧いてくる」ので、「国民に還元する」必要性が薄くなる。このようなカラクリで、産油国では国防支出を増大させる余力が生まれるわけだ。

表1－1の中に現れている北大西洋条約機構（NATO）加盟国は9カ国、それ以外に米国と同盟関係にある国は、日本（日米同盟）と韓国（米韓同盟）以外にオーストラリア（ANZUS同盟）、ブラジル（米州相互援助条約）の4カ国ある。この13カ国の中で米国は、金額だけでなく国防支出の対GDP比でもポーランドとともに抜き出ている。

２０２２年までポーランドの国防支出の対ＧＤＰ比は２％前後で推移していたが、２０２３年には４％弱に跳ね上がっている。前年からウクライナに侵攻しているロシアへの警戒が強まった結果だ。

米国が同盟国に「応分の負担」を求めるのには、こうした事実に基づいている。ＧＤＰが大きい米国の国防支出が大きいのは仕方ないにしても、ＧＤＰに対する比率が低い国は米国から見ると、「米国の負担にタダ乗り」しているように見えるだろう。

この点について米国は伝統的に不満を抱いている。第１次トランプ政権のエスパー国防長官は２０２０年９月の講演で、日本を含む同盟国に「ＧＤＰの２％」という具体的な数字を挙げて国防支出を迫った。

これを受けて米国と同盟関係にある各国は、国防支出の対ＧＤＰ比を増やすようになった。

国防支出から見るロシアのウクライナ侵攻

表１－１で目に付くのが、ウクライナの36・６５％という値だ。この数値は他国に比べて文字通り桁違いに大きい。明らかに、２０２２年２月に始まったロシアの侵攻によるものだ。この値は日露戦争時の日本（22％）を上回り、太平洋戦争の日本で言うと１９４２（昭和17）年に匹敵する（36％）[*3]。ウクライナも２０２１年には、この値は３・４３％だった。

ところで時間をさかのぼってウクライナの国防支出を眺めると、面白い傾向が分かる。ウクライナでは、ロシアから距離を置くユーシチェンコが２００４年に大統領に就任すると、国防支出のＧＤＰ比が２％を超え、大統領が親露派のヤヌコーヴィチに代わるとそれが１％台に低下した。しかし２０１４年にロシアがクリミア半島を軍事侵攻で占拠すると、翌年から国防支出のＧＤＰ比は３％を上回るようになる。

ここから読み取れるのは、ウクライナの軍備はロシアの脅威に対抗することを目的として整備されてきたということだ。言い換えると、ウクライナの国防支出はロシアとの関係の従属変数だったし、今でもそうだ。

２０２２年にロシアによる侵攻が始まると、国防支出は9倍以上に跳ね上がる。金額で言うと69億ドル（２０２１年）から６４８億ドル（２０２３年）への増加だ。この結果が36・６５％という数字を生んだ。ウクライナにとって、ロシアによる侵攻への抵抗は正に総力戦だ。なおこの値には、外国からの武器などの支援は入っていない。

同じように、攻める側のロシアも５・８６％と高い値を示している。２０２１年のこの値は３・６１％だったので、ウクライナほどではないにしても、軍事侵攻の負担が数字に表れている。

2

武器の輸出入から見る国際情勢

米仏露による「寡占状態」の輸出

次に武器の輸出入を見てみよう。まずは、武器の輸出である。

世界最大の武器輸出国は米国で、世界の武器輸出市場の42％を押さえている(表1－2)。2位はフランスだが世界シェアは11％なので、その差は歴然だ。米国が突出しているうえに、ロシアを含めた上位3カ国で世界の武器輸出の3分の2を占め寡占状態にある。

輸出品目では、3カ国ともに航空機（ヘリコプターを含む）がもっとも多い（表1－3）。米国とフランスでは輸出額の過半であり、ロシアでも4割を超えている。その次は米国とロシアではミサイル、フランスでは艦艇となっている。いずれも高度な技術や産業基盤が必要となる分野だ。

そもそも表1－3が示すように、武器の貿易市場全体では航空機が半分近くを占めている。民生用であっても航空機産業を抱えている国は多くないので、軍用機を調達しようとする場合は

＊3　小野圭司『日本 戦争経済史』（日経BP日本経済新聞出版本部、2021年）159、243頁。

表1-2

武器輸出国上位25カ国とその主な輸出先（2019～23年）

順位	輸出国と世界シェア		主な輸出先（上位3カ国、数字はシェア）					
1	米国	42.0%	サウジアラビア	15%	日本	10%	カタール	8%
2	フランス	11.0%	インド	29%	カタール	17%	エジプト	6%
3	ロシア	11.0%	インド	34%	中国	21%	エジプト	8%
4	中国	5.8%	パキスタン	61%	バングラデシュ	11%	タイ	6%
5	ドイツ	5.6%	エジプト	20%	ウクライナ	12%	イスラエル	12%
6	イタリア	4.3%	カタール	27%	エジプト	21%	クウェート	13%
7	英国	3.7%	カタール	23%	米国	20%	ウクライナ	9%
8	スペイン	2.7%	サウジアラビア	21%	オーストラリア	20%	トルコ	18%
9	イスラエル	2.4%	インド	37%	フィリピン	12%	米国	9%
10	韓国	2.0%	ポーランド	27%	フィリピン	19%	インド	15%
11	トルコ	1.6%	UAE	15%	カタール	13%	パキスタン	11%
12	オランダ	1.2%	米国	28%	メキシコ	12%	パキスタン	9%
13	スウェーデン	0.8%	ブラジル	22%	米国	20%	パキスタン	20%
14	ポーランド	0.7%	ウクライナ	96%	スウェーデン	2%	インド	1%
15	カナダ	0.6%	サウジアラビア	37%	ウクライナ	22%	UAE	15%
16	オーストラリア	0.6%	カナダ	32%	チリ	28%	米国	11%
17	スイス	0.5%	デンマーク	17%	スペイン	16%	オーストラリア	16%
18	ウクライナ	0.4%	中国	59%	サウジアラビア	12%	インド	11%
19	ノルウェー	0.4%	米国	26%	ウクライナ	20%	リトアニア	10%
20	UAE	0.3%	ヨルダン	33%	エジプト	26%	アルジェリア	10%
21	南アフリカ	0.3%	米国	24%	UAE	23%	インド	13%
22	ベルギー	0.3%	サウジアラビア	38%	カナダ	25%	パキスタン	22%
23	ベラルーシ	0.2%	ベトナム	30%	セルビア	22%	ウガンダ	17%
24	ブラジル	0.2%	フランス	28%	ナイジェリア	16%	ポルトガル	16%
25	イラン	0.2%	ロシア	75%	ベネズエラ	16%	フーシー派	7%

註：UAEはアラブ首長国連邦、フーシー派はヨルダンに拠点を置く武装勢力。
出所：Pieter D. Wezeman, et. al. “Trends in International Arms transfers, 2023” *SIPRI Fact Sheet*（Mar., 2024）.

表1-3

主要武器輸出国の輸出品目（2018～22年）

	航空機	戦闘車両	野戦砲	ミサイル	艦艇
米国	64%	10%	0%	16%	1%
ロシア	44%	12%	0%	13%	3%（2%）
フランス	59%	2%	1%	11%	16%（10%）
中国	29%	20%	4%	17%	22%
ドイツ	11%	15%	2%	10%	36%（20%）
イタリア	39%	6%	2%	4%	42%
英国	32%	1%	4%	17%	9%
韓国	7%	4%	23%	1%	65%
イスラエル	8%	0%	3%	39%	7%
世界計	48%	10%	2%	13%	12%（3%）

註：艦艇のカッコ内は潜水艦
出所：*SIPRI Yearbook 2023*

輸入に頼る国は多い。このため軍用機を輸出できる国は、必然的に武器の輸出でも上位にくる。米国、ロシア、フランス、中国、イタリア、英国はそれに当たる。

米仏露3カ国の主な輸出先は、先進国か産油国、または成長著しい中国とインドである。いわゆる「金持ち国」だ。この中ではインドとエジプトが、ロシアとフランスの武器輸出先の上位に位置している。後でも述べるが、世界の武器体系にはNATO規格と旧ソ連規格がある。ロシアは旧ソ連規格、フランスはNATO規格の武器を生産・運用する。つまりインドとエジプトでは、規格の異なる武器が混在していることになり、運用や整備・補給での支障は避けられない。

米仏露3カ国以外でも、「金持ち国」は主な武器輸出先に名を連ねる。「金持ち喧嘩せず」だが、「金持ち」でないと高価な武器は買えない。これが抑止力として機能すれば、金持ちは喧嘩をしなくてすむ。

中国の武器輸出先を見ると、パキスタンが6割以上（61％）を占める。これは中国やパキスタンと国境紛争を抱えるインドを睨んだものだ。そのインドは、ロシアやフランスから以外にも、韓国、イスラエル、南アフリカなど高性能の武器生産に実績のある国から武器を輸入している。

また韓国が武器輸出の主要国として登場している。輸出品目は野戦砲（大砲）や艦艇が多く、付加価値が高くて実績も問われる航空機やミサイルの比率は低い。その韓国は、2027年までに「世界4位の武器輸出国」になることを目標にしている。

スイスやスウェーデンなどの中立国（スウェーデンは2024年3月にNATOに加盟した）も、武器輸出では上位に顔を出している。[*4] スイスやスウェーデンの武器は定評があり、日本の自衛隊もライセンス生産などでスイス・エリコン製の機関砲やスウェーデン・ボフォース（当時）製の無反動砲、対潜ロケット弾を導入していた。ちなみにボフォースは、ノーベル賞を創設したアルフレッド・ノーベル（1833～96年）が経営を手掛けた企業の1つである。

なお日本は米国の輸出先としては2位に付けているが、それ以外では上位3位に入っていない。日本は戦前からの伝統を受け継ぐ企業があり武器の国産能力が高かったこと、日本の地理的特性に合わせた装備品の運用要求が強かったこと、そして日米同盟の下で米軍との相互運用性を重視してきたことが理由として考えられる。

ウクライナとロシアを見ると、2014〜18年の武器輸出世界シェアはそれぞれ1・4%と21%だったので、両国ともに大きくシェアを落としている。自国が戦争をしているので、輸出余力がなくなったわけだ。実際に最近5年間（2019〜23年）とその前の5年間（2014〜18年）を比べると、ウクライナの武器輸出は73%、ロシアのそれは53%低下している。

またドイツ、英国、ポーランド、カナダ、ノルウェーの武器輸出先上位にウクライナが出ている。これら欧州NATO諸国の危機感の現れだ。特にポーランドは、ロシアの飛び地であるカリーニングラード州やウクライナ、そして親露国であるベラルーシと国境を接していることもあり、武器輸出の実に96%がウクライナ向けである。ポーランドの最近5年間の武器輸出は、その前の5年間の12倍となっている。

なおこの輸出以外にも、ウクライナは武器・装備品の無償供与を受けている。日本も防弾チョッキ、鉄帽（ヘルメット）、防護マスク、防護衣、小型無人機、非常用糧食、車両などをウクライナに提供している。[*5]

＊4　スウェーデンは2022年2月のロシアによるウクライナ侵攻を受けて、同年5月にNATO加盟を申請し、2024年3月に加盟が決定した。表1－2の値は、スウェーデンが中立政策を採っていた時のもの。
＊5　防衛省「ウクライナへの装備品等の提供について」2023年5月21日。

武器の輸入国は広く分散

武器の輸入は輸出の裏返しとなる。ただ輸出のように特定の国に集中していることはなく、最大の輸入国であるインドでも世界シェアは10％と、輸出に比べると広く分散している（表1－4）。

高性能の武器はどの国も欲しいが、それを提供できる国は限られる。現代の軍事技術は民生技術から派生したものがほとんどだ。民生技術基盤のないところでは、高性能武器の開発・生産はおぼつかない。

それでは輸入すればよいかと言えば、そう簡単な話でもない。平時であっても警戒監視や訓練で武器を使うので、常に維持整備が必要だ。技術基盤が欠けているまま高性能の武器を輸入しても、そのうち維持整備ができなくなり宝の持ち腐れになってしまう。

高性能の武器となると、開発・生産ほどではないにしても、使いこなすのにも技術力が必須となる。表1－2、表1－4に現れているのは、そのような技術力を持っていると思われる国ばかりだ。

当たり前だが、先進国、産油国、新興国と言った「金持ち国」が武器の輸入で上位にきている。それらの多くでは米国が主な武器の輸入元となっており、隙間をロシアや中国が埋めている。

もちろんロシアや中国が入り込む背景には、国際政治情勢や外交関係がある。たとえば、西側からは一定の距離を置き、ロシアや中国が関係を強化しようと試みている、いわゆる「グローバルサウス」諸国では、ロシアや中国が武器の輸入元として上位に食い込んでおり、西側諸国では米国よりもフランスが存在感を示している。

ここで輸出と同様、韓国に注目してみたい。韓国は武器の輸入でも上位に位置している。米国からの輸入が7割を超えているのは、米韓同盟の存在と米軍との相互運用性を重視した結果だろう。そして武器輸入の15％はドイツが輸入元となっている。韓国は２０２０年までドイツ製潜水艦を国内でライセンス生産しており、それにはドイツ製の機器も備え付けられた。表１－３に見るように、ドイツは潜水艦の輸出に力を入れている。

日本の武器の輸入は、完全に米国一辺倒だ。戦闘機（Ｆ－35）、艦艇用システム（イージス・システム）、水陸両用車などの装備を米国から輸入している。

当然であるが、ウクライナが武器輸入の上位（４位）に付けている。米国以外の主な輸入元はドイツとポーランドで、これは武器輸出を輸入側から見たものだ。

２０１４～18年のウクライナ武器輸入の世界シェアは０・１％に過ぎなかった。ロシアの侵攻があり、ウクライナによる最近５年間（２０１９～23年）の武器輸入額は、その前の５年間（２０１４～18年）に比べて約70倍に増えている。

表1-4

武器輸入国上位25カ国とその主な輸入元（2019〜23年）

順位	輸入国と世界シェア		主な輸入元（上位3カ国、数字はシェア）					
1	インド	9.8%	ロシア	36%	フランス	33%	米国	13%
2	サウジアラビア	8.4%	米国	75%	フランス	8%	スペイン	7%
3	カタール	7.6%	米国	45%	フランス	25%	イタリア	15%
4	ウクライナ	4.9%	米国	39%	ドイツ	14%	ポーランド	13%
5	パキスタン	4.3%	中国	82%	スウェーデン	4%	トルコ	4%
6	日本	4.1%	米国	97%	英国	2%	ドイツ	0%
7	エジプト	4.0%	ドイツ	27%	イタリア	22%	ロシア	20%
8	オーストラリア	3.7%	米国	80%	スペイン	15%	スイス	2%
9	韓国	3.1%	米国	72%	ドイツ	15%	フランス	9%
10	中国	2.9%	ロシア	77%	フランス	13%	ウクライナ	8%
11	米国	2.8%	英国	25%	オランダ	12%	フランス	10%
12	クウェート	2.7%	米国	70%	イタリア	20%	フランス	9%
13	英国	2.4%	米国	89%	韓国	4%	イスラエル	3%
14	UAE	2.4%	米国	57%	トルコ	10%	フランス	9%
15	イスラエル	2.1%	米国	69%	ドイツ	30%	イタリア	1%
16	オランダ	1.9%	米国	99%	フィンランド	1%	ドイツ	1%
17	トルコ	1.6%	スペイン	31%	イタリア	23%	ロシア	15%
18	ノルウェー	1.6%	米国	89%	韓国	5%	イタリア	4%
19	ポーランド	1.6%	米国	45%	韓国	34%	英国	4%
20	シンガポール	1.5%	ドイツ	32%	フランス	27%	米国	26%
21	アルジェリア	1.1%	ロシア	48%	ドイツ	15%	中国	14%
22	フィリピン	1.0%	韓国	37%	イスラエル	28%	米国	14%
23	インドネシア	1.0%	米国	27%	韓国	18%	フランス	17%
24	イタリア	0.9%	米国	95%	ドイツ	2%	フランス	1%
25	ギリシア	0.9%	フランス	58%	米国	21%	英国	11%

註：UAEはアラブ首長国連邦。
出所：Pieter D. Wezeman, et. al. “Trends in International Arms transfers, 2023” *SIPRI Fact Sheet*（Mar., 2024）.

3 防衛産業の世界地図

防衛産業の国別売上高

ここからは防衛関連企業の売上高を見てみよう。これもＳＩＰＲＩが公開している値を参考にする。

防衛関連売上高の世界上位１００社を、本社所在国別に集計したものを表１－５に示す。国防支出と同様、米国と中国が上位にある。会社数でも米国は41社、中国は９社であり上位を占めている。

ただし１社当たりの防衛関連平均売上高となると、米国は77億ドルであるのに対し、中国は１１４億ドルと１・５倍近い売り上げがある。英国では１社当たりの防衛関連売上高は平均で68億ドル、フランスのそれは51億ドルで、やはり中国とは大きな開きがある。日本の値は20億ドルなので、中国はもとより英国やフランスと比べても約３分の１しかない。

米国や欧州では冷戦終結以降、防衛装備品市場の縮小を受けて民間企業は合併や統合を繰り返して経営効率化や生き残りを図ってきた。これに比べると日本企業には独特の「自前主義」の風潮もあり、合併や統合が欧米ほど大胆に進まない。防衛関連も例外ではない。

表1 - 5

大手防衛関連企業の国別売上高合計（2023年）

順位	国名	会社数	防衛関連売上高合計（単位：百万ドル）	対総売上高比
1	● 米国	41社	316,750	47%
2	中国	9社	102,890	25%
3	● 英国	7社	47,680	68%
4	● フランス	5社	25,530	42%
5	ロシア	2社	25,500	67%
6	● イタリア	2社	15,210	61%
7	イスラエル	3社	13,600	90%
8	○ 韓国	4社	10,980	16%
9	● ドイツ	4社	10,670	20%
10	○ 日本	5社	9,990	7%
11	インド	3社	6,740	90%
12	● トルコ	3社	6,040	89%
13	● スウェーデン	1社	4,360	90%
14	台湾	1社	3,220	96%
15	シンガポール	1社	2,230	30%
16	ウクライナ	1社	2,210	100%
17	● ポーランド	1社	2,060	90%
18	● ノルウェー	1社	1,500	39%
19	● カナダ	1社	1,370	43%
20	● スペイン	1社	1,190	77%
21	● チェコ	1社	1,190	64%

註：防衛関連売上高の上位100社を本社所在国別に合計したもの。国際共同企業（エアバス、MBDA、KMW+ネクスター・ディフェンス）は除く。
●はNATO加盟国。○はそれ以外に米国と同盟関係にある国。
出所：「SIPRIデータベース」より作成。

他方で中国では、重化学工業を担う大手国有企業が、多角経営の一環として防衛関連部門を保有しているものが多い。また武器製造の国営工場が、関連する民生部門に事業を広げる場合もある。いずれにしても、政府によって国有企業という「特権的・独占的」な地位が約束されてきた。

民間企業が繰り返す合併・統合と、国営企業に対する政府の関与や保護。いずれも防衛関連企業の規模が大きくなる要因ではあるが、1社当たりの平均でいうと中国の方が大きくなっている。もちろんこれには、中国の経済規模そのものが大きくなっていることも強く影響している。

もう1つ表から分かるのが、国防支出と国防関連売上高が必ずしも一致しないことだ。国防支出では9位（表1－1）のフランスが防衛関連の売上高では4位となっている。これはフランスの防衛産業が輸出に力を入れている結果で、武器輸出では世界2位である（表1－2）。同じことは、イタリアについても当てはまる。フランスやイタリアほどではないが、ドイツにもその傾向が現れている。

軍事大国であるロシア企業による防衛関連売上高が意外に少なく、フランスに次ぐ5位である。ロシア製の武器はドルに換算した単価が安いので、結果的に売上高も比較的小さくなる。しかし「単価が安い」という価格競争力を持つロシア製の武器は、発展途上国を中心に広く輸出されている。

インドも軍の規模は大きく国防支出は世界4位の規模で、武器の輸入は世界1位だ。ところが国産武器の単価が安いこともあり、防衛関連の売上高では上位にはない。さらにインド製の武器は、ロシア製ほどの輸出競争力がないのでインド国外での売り上げも多くなく、武器輸出の世界25位に入っていない。

ウクライナの国防支出はロシアによる侵攻もあり上位にあるが、防衛関連の売り上げでは順位が下がる。ここからは、ロシアとの戦争で必要とする装備品の多くを輸入に頼っている様をうかがうことができる。

サウジアラビアも国防支出の金額は大きいが、防衛関連企業の売上高では世界21位内に入っていない。サウジアラビアでは、防衛産業基盤が十分整備されていないことから生じる結果である。

専業か副業――国情と経営事情

表1－5を見ると、世界の大半では、防衛関連企業での防衛関連売上高は総売上高の半分近くを占めている。イスラエル、インド、スウェーデン、台湾、ウクライナ、ポーランドでは90%以上、トルコも89%だ。

これらの国では、防衛関連に特化した防衛部門専業企業が「副業として」民生部門の事業を行っている。

この逆が日本だ。防衛関連売上高上位100社が本社を置いている21カ国の中では、日本だけが防衛関連の売上高が総売上高の1割に満たない。2番目に低い韓国は16％だが、日本の2倍を超えている。

ただし会社数でいうと、5社が世界上位100社の中に入っている。これはフランスと並んで同率4位だ。社数ではロシアやイスラエル、インドなどの軍事大国よりも多い。もっとも防衛関連売上高では、ロシアやイスラエル企業の方が日本を上回っている。

総売上高に占める防衛関連の売上高が低い日本や韓国、ドイツ、シンガポール、ノルウェーでは、防衛関連事業が民生品産業の副業となっている。

意外なのが中国で、25％と21カ国中4番目に数値が低い。理由の1つには、民生関連売り上げに計上されているものの中に、国防関連のものが交じっていることが考えられる。しかしそれでも、25％というのはいかにも数字が小さい。

もう1つ、表1－5にある中国企業の防衛関連売上高比率が低い理由として考えられるのは、中国の国営企業が多角経営を通り越して、際限のないコングロマリット化していることだ。その中で防衛関連部門は、巨大企業の一部となっている。旧ソ連型の国営企業そのものだが、経営管理の面では決して望ましいものではない。

日本も含めた西側諸国の大手企業も、官僚主義的な「大企業病」の罠から抜け出せず経営不振に陥る例は後を絶たない。中国の大手国営企業もその例外ではない。

世界の防衛関連企業ランキング

それでは世界の主な防衛関連企業を個別に概観する（表1－6、図1－1）。

上位5社は米国企業であり、最大手はロッキード・マーチンだ。防衛関連の売上高は608億ドル（≒8兆5500億円）で、これだけで令和6年度の日本の防衛予算7兆9496億円を上回る巨大企業である。同社の規模は米国内でも群を抜いており、その防衛関連売上高は第2位に位置するRTX（旧・レイセオン）の1・5倍もある。

表からも分かるように、上位5社は米国企業で占められている。顧客として巨大な米軍を抱えているので、それに製品を提供する企業も大きくなる。

第6位には英国のBAEシステムズが入っている。欧州では最大の防衛関連企業で、かつ欧州の中では突出した存在だ。防衛関連売上高は298億ドルで、ロッキード・マーチンの半分弱である。それでもBAEシステムズの防衛関連売上高は、欧州では第2位となるイタリアのレオナルドの約2・5倍だ。このBAEシステムズとレオナルドは、三菱重工業と組んで次期戦闘機の共同開発を行うことになっている。

旅客機製造では世界市場を二分しているボーイングとエアバスも、防衛関連売上高では上位に位置している。ただし両社とも旅客機製造が事業の中心であるため、ボーイングでは防衛関連の売上高は全体の40％であり、エアバスに至っては2割に満たない。

ボーイングが製造する装備品は、輸送機・空中給油機・哨戒機から戦闘機、無人機、ヘリコプターやミサイルまでと幅広い。これはボーイング自身が吸収合併を繰り返してきたこととも関係がある。

他方で旅客機専業メーカーから軍用機へ事業を拡げたエアバスは、輸送機・空中給油機、ヘリコプターなどを手掛けているが種類はボーイングほど多くはない。企業の軸足は、あくまでも民生用航空機においている。

中国企業も上位にある。中国最大手の中国航空工業集団は戦闘機、爆撃機、軍用ヘリコプター、無人機などの製造を手掛ける国営企業で、アジア最大の防衛関連企業でもある。同社の防衛関連売上高は２０９億ドルに達するが、同規模の売上高で中国の国営防衛関連企業2社が続き、世界上位20社の中には中国企業が合計6社入っている。

面白いことに中国の防衛関連企業では、製造する装備品が小火器・戦闘車両、航空機、ミサイル、システム・通信機器、艦艇という形で比較的きれいに分かれている。これらは国営企業であるため、各装備品の専門企業として国家単位で分業体制が採られている結果と思われる。つまりここには、西側のような市場競争の原理が働いていていない。

国防支出では世界3位のロシアからは、ロステックが7位に付けている。ロステックは武器製造の他、航空機・自動車・プラント・化学製品なども手掛けている。武器についても、航空機、エンジン、ミサイルから戦車・軍用車両、機銃・小銃や弾薬まで生産している。自動小銃

表1-6

世界の主な防衛関連企業（2023年）

順位	会社名	主な製品（防衛関係）	売上高（単位：百万ドル） 防衛関連 ①	会社全体 ②	①/②
1	ロッキード・マーチン	航空機、ミサイル、システム	60,810	67,570	90%
2	RTX（旧・レイセオン）	ミサイル、レーダー	40,660	68,920	59%
3	ノースロップ・グラマン	航空機、艦艇、システム	35,570	39,290	91%
4	ボーイング	航空機、ミサイル	31,100	77,790	40%
5	ジェネラル・ダイナミックス	艦艇、戦闘車両、システム	30,200	42,270	71%
6	BAEシステムズ（英）	航空機、艦艇、戦闘車両、火砲	29,810	30,350	98%
7	ロステック（露）	武器一般、航空機	21,730	33,430	65%
8	中国航空工業集団	航空機	20,850	83,430	25%
9	中国兵器工業集団	小火器、戦闘車両	20,560	76,600	27%
10	中国電子科技集団	システム、通信機器	16,050	55,990	29%
11	L3 ハリス・テクノロジーズ	システム、通信機器	14,760	19,420	76%
12	エアバス（欧州国際共同）	航空機	12,890	70,710	18%
13	レオナルド（伊）	航空機、火砲、システム	12,390	16,520	75%
14	中国航天科技集団	ミサイル	12,350	41,170	30%
15	中国船舶集団	艦艇	11,480	48,950	23%
16	タレス（仏）	艦艇、システム、ミサイル	10,350	19,910	52%
17	ハンティントン・インガルス・インダストリーズ	艦艇	9,280	11,450	81%
18	中国航天科工集団	ミサイル	8,850	27,640	32%
19	レイドス	システム	8,730	15,440	57%
20	ブーズ・アレン・ハミルトン	IT/システム・コンサル	6,900	10,660	65%
22	ロールス・ロイス（英）	航空機・艦艇用エンジン	6,290	19,120	33%
23	中国航空発動機集団	航空機・艦艇用エンジン	5,780	n.a.	n.a.

24	ハンファ・グループ（韓）	戦闘車両、ミサイル、火砲	5,710	61,300	9%
24	ラインメタル（独）	火砲	5,480	7,750	71%
27	エルビット・システムズ（ISR）	戦闘車両、ミサイル、火砲	5,380	5,980	90%
34	イスラエル・エアロスペース・インダストリーズ（ISR）	航空機	4,490	5,330	84%
35	サーブ（SWE）	航空機、艦艇、火砲	4,360	4,850	90%
39	三菱重工業	航空機、艦艇、戦闘車両	3,890	33,210	12%
41	統一造船会社（露）	艦艇	3,770	4,710	80%
43	ヒンドスタン航空機（印）	航空機	3,710	3,910	95%
46	ダッソー・アビアシオン（仏）	航空機	3,220	5,190	62%
47	国家中山科学研究院（台）	航空機、ミサイル	3,220	3,360	96%
56	韓国航空宇宙産業	航空機	2.290	2,910	79%
60	ウクライナ防衛工業（UKR）	火砲、ミサイル、弾薬	2,210	2,210	100%
65	川崎重工業	航空機、潜水艦、ミサイル	2,060	13,190	16%
69	バイカル（土）	無人機	1,900	2,000	95%
71	富士通	システム	1,850	26,790	7%
74	中国核工業集団	ウラン開発、原子力発電	1,840	39,680	5%
76	LIGネクスワン（韓）	ミサイル、魚雷、システム	1,770	1,770	100%
87	現代ロテム（韓）	戦闘車両	1,210	2,750	44%
91	日本電気	システム、通信機器	1,140	24,800	5%
96	三菱電機	ミサイル、レーダー	1,050	37,500	3%

註：米中日以外の企業は、社名の後に国名を表記。なおISRはイスラエル、SWEはスウェーデン、UKRはウクライナを示す。
防衛関連売上高21位以降は、主な企業のみ記載。
出所：「SIPRIデータベース」より作成。

ＡＫ－47で有名なカラシニコフもロステックの傘下企業だ。

２０２２年には防衛関連売上高は１６８億ドルで世界10位だったが、売り上げ・順位ともに上がっているのはウクライナ侵攻で武器の需要が増えたからだ。

日本の防衛産業は如何に

日本企業を見ると、防衛関連売上高がもっとも大きいのは三菱重工業だ。三菱重工は航空機から艦艇、戦闘車両、ミサイルなど装備品の製造を広く手掛けている。それでも世界順位は39位であり、国防支出（防衛費）が世界10位である国を代表する装備品メーカーとしては規模が小さい。2番手の川崎重工業も、航空機、艦艇（潜水艦）、ミサイルなどの製造を行っている。

この2社は戦前から陸海軍向けに武器を製造していた。特に戦艦や航空母艦などの大型艦を建造できる造船所は、呉と横須賀の海軍工廠以外では三菱の長崎造船所と神戸の川崎造船所しかなかった。このような伝統を持つ両社は、日本の防衛関連売上高の上位2社の常連でもある。

第3位の富士通は防衛省・自衛隊向け通信システム、艦艇に搭載する情報処理システムを、そして第4位の日本電気は情報処理システムや通信機器を、第5位の三菱電機はミサイルやレーダーを製造している。


防衛装備品というと、普通は航空機・艦艇・戦闘車両・火器などの「重工業製品」を思い浮かべる。三菱重工、川崎重工、ＩＨＩなどはその例だ。

しかし富士通や日本電気のような情報通信（ＩＴ）サービス企業が防衛関連売上高の上位に来ることが、日本でも「宇宙・サイバー・電磁波」といった新領域での防衛体制構築の重要性が増していることを示している。近年では富士通は、宇宙状況監視システムやクラウドシステムも納品している。正に宇宙・サイバーの分野だ。

表１－６から分かる特徴に、日本の各企業は防衛関連部門の売上比率が他国企業に比べて著しく低いことがある。防衛部門では日本最大手の三菱重工で12％、もっとも高い値を示している川崎重工でも16％だ。当然のことだが、各企業で防衛部門の比重が低く（表１－６）、結果として国全体でも同じ結果となっている（表１－５）。

図1-1

日米欧の防衛関連企業の変遷

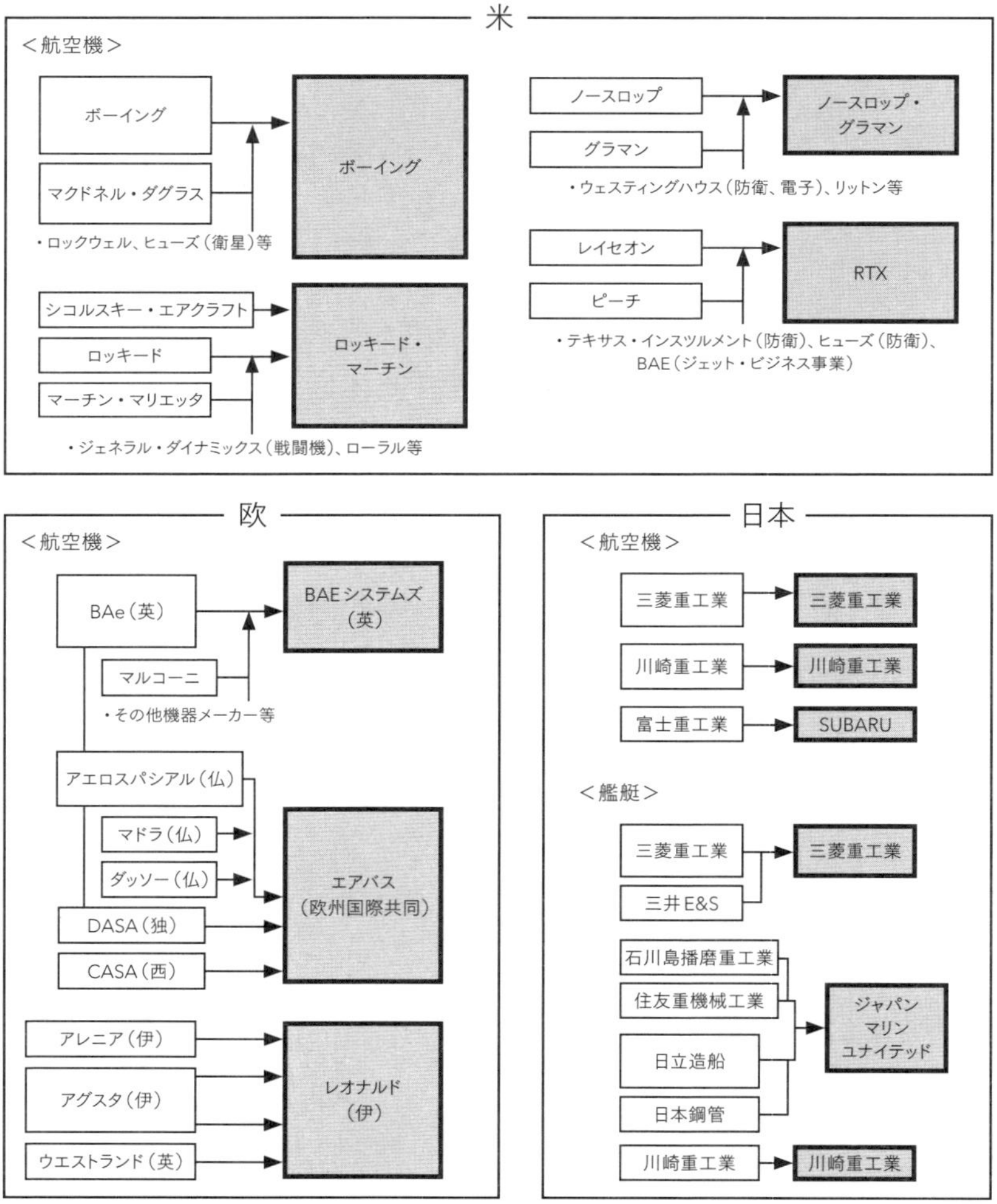

註：ダッソーとエアバスは出資だけの関係。
出所：鈴木英夫「経済産業研究所（RIETI）BBLセミナー 岐路に立つ我が国の防衛産業」（2013年1月）を修正。

4 増大する武器の需要と供給網の逼迫

世界を二分する「NATO規格」と「旧ソ連規格」

世界で流通している武器には、大きくNATO規格と旧ソ連規格の2つがある。小銃・機関銃だけでなく、戦車砲・野戦砲や艦砲の口径が異なる。例えば主力野戦砲の口径はNATO規格が155㎜、旧ソ連規格では122㎜か152㎜である。戦車砲であればNATO規格は105㎜施条（ライフル）砲、120㎜滑腔砲、120㎜施条砲で、旧ソ連規格では115㎜滑腔砲、125㎜滑腔砲となる。

中東戦争を幾度も経験したイスラエルは、アラブ諸国が装備していたソ連製の戦車を数百両も鹵獲《ろかく》した。これを整備して自国軍に配備すれば、戦車の調達経費と時間が大幅に節約できる。しかし規格の問題があり、NATO規格を採用しているイスラエル軍の戦車砲弾はアラブ諸国から鹵獲したソ連製戦車の戦車砲では撃つことができない。

そこでイスラエルでは、鹵獲したソ連製戦車の戦車砲をNATO規格のものに換装して自軍に配備した。一部では、火器管制装置（射撃用コンピュータ）やエンジンも西側のものに換装した。これを行ったのは、表1－6では27位にあるエルビット・システムズの関連企業だ。こうしてイスラエル軍は、図体はソ連製だが主砲や機器はNATO規格という「ハイブリッド」戦車を多数、安価で手に入れた。

表1－6にある企業では、中国、ロシア、ウクライナの企業は旧ソ連規格の武器を製造している。それ以外の企業は、日本を含めてNATO規格に従っている。

2022年2月24日に始まったロシアによるウクライナ侵攻では、西側諸国がウクライナに武器を供与した。ところがここで問題が生じる。ウクライナはそれまで旧ソ連規格の武器を調達し、ウクライナ最大手の防衛関連製造業であるウクライナ防衛工業（表1－6で60位）も、主に旧ソ連規格の武器を製造していた。他方で西側が供与する武器はNATO規格のものだ。

結局ウクライナでは、西側からNATO規格の武器を受け取りながら、自国内では旧ソ連規格の武器・弾薬の生産を続けるというチグハグな状態が続いた。ウクライナでも生産設備を旧ソ連規格からNATO規格に変更するのも大変なことなので、NATO規格の装備については基本的に西側諸国からの供給に頼らざるを得なくなった。

弾薬の大量消費と供給確保

ロシアのウクライナ侵攻では、有事に克服すべき問題の1つとして弾薬の大量消費に焦点が当たった。ロシアによる侵攻開始から1年が経った2023年3月に、EUは1年間で155

㎜砲弾を100万発ウクライナに提供すると発表した。

「100万発」というのは膨大な量にも思えるが、意外にそうでもない。「武器取引フォーラム」によると、2023年4月時点でウクライナに提供されたNATO規格の155㎜砲は279門だ。そのうち160門は米国が供与している。この中にはポーランドが供給した第2次世界大戦でも使われた旧式砲（M114）が4門入っているが、誘導式のような高性能弾でない155㎜通常弾であれば撃つことはできる。

単純に割り算すると、155㎜砲1門当たりの割り当て弾数は1カ月に300発だ。陸上自衛隊が保有する牽引式榴弾砲FH－70や99式自走155㎜りゅう弾砲は、1分間に最大で6発の射撃ができる。ウクライナ軍に提供された野戦砲も同等なので、300発はあっと言う間に消費してしまう。これが1カ月分だ。

155㎜砲弾はウクライナでは生産できないので、すべて西側からの供給に頼らざるを得ない。しかしEU全体の155㎜砲弾生産能力は、年間30万発だという。このような状況で100万発を支援するというEUの決断は大変重いものがあるが、同時に砲弾のサプライチェーン（供給網）の問題が浮かび上がった。

砲弾だけではない。ウクライナ侵攻の当初、米国から供与された対戦車ミサイル・ジャベリン（FGM－148）の活躍が報じられた。このミサイルの製造元であるRTX（表1－6で2位）の最高経営責任者（CEO）は、侵攻からの10カ月で5年分の生産量が消費されたと述べている。また肩打ち式地対空ミサイル・スティンガー（FIM－92）はジェネラル・ダイナミックス（同5位）が製造しているが、同じ期間に13年分の生産量がウクライナで使われた。

ロシアも同様の事態に直面している。ロシアが使う旧ソ連規格の弾薬の製造設備を持っている国は多くない。北朝鮮はその少ない国の1つであり、ロシアに野戦砲弾900万発を供与したと報じられている。それ以外にも、ロシアについてはイランやベラルーシから武器の提供を受ける可能性が指摘されている。

ロシアの武器製造工場は全力操業中だが、それでも消費量には追い付かない。そこでロシアは、過去に輸出した武器の「買戻し」に着手した。買戻し先としてミャンマー、インド、そして北朝鮮が疑われている。

武器だけではない。ロシアの戦車製造業であるウラルヴァゴンザヴォートは、ミャンマーに輸出した高性能の光学照準器を買い戻した。戦車の消耗が続く中、同社は旧式戦車の改良を請け負っていたと見られる。なおウラルヴァゴンザヴォートは表1－6では10位にあるロステックの子会社で、ウクライナ侵攻以降にEUが課した経済制裁対象企業のため、西側諸国からは輸入ができない。ロステックは日本が実施する経済制裁の対象企業ともなっている。

湾岸戦争（1990～91年）やイラク戦争（2003年）、イラク安定化作戦（2003～11年）、アフガニスタン安定化作戦（2001～21年）では顕在化しなかった弾薬の供給が、ここに来て西側だけではなくロシアにおいても大きな問題となった。

もちろんこれは、対岸の火事ではない。日本においても安全保障三文書のいずれにも、「弾薬の確保」についての記述がある。しかしウクライナ侵攻から見えてくるのは、その難しさだ。いざとなったら生産は間に合わず、日露戦争の時のように外国から弾薬を緊急輸入せざるを得ない。平時から同盟国や同志国などと、このための関係を構築することが望まれる。「弾薬の確保」は、単に「在庫を積み増せばよい」というものではない。

The Geopolitics of the Defense Industry

第2章

世界の防衛産業（I）：米国

世界の防衛産業は米国を中心に回っている。他国は米国の装備品を輸入するか、ライセンス生産するか、または米国と装備品を共同開発する。自国で開発する場合でも基準となるのは米国製の装備品であり、相互運用性への配慮も欠かせない。さらには中国やロシアでの装備品開発も、米国製武器に対抗することを目的としている。

そのような米国の防衛関連の各企業も、過去にはそれぞれが存続の危機に直面し、対応を重ねてきた。しかしさすがの米国の防衛産業も、ここに来て政府が大きな方針を立てる必要に迫られている。

1 米国——圧倒的な防衛産業の存在

王者が抱える「外患と内憂」

すでに見てきたように、米国の防衛産業は世界の中で圧倒的な存在だ。主な顧客である米軍そのものの規模が桁外れに大きいだけではない。世界をけん引する先端技術力、特に航空宇宙や情報通信（ＩＴ）部門など、防衛に深く関係している産業分野では他国を寄せ付けない技術力を誇っている。

これは今に始まったものではない。産業革命は18世紀半ばの英国で産声を上げたが、20世紀に入ってからは米国の経済力・技術力の優位は揺るいでいない。特にそれが顕著に現れたのが第2次世界大戦だ。莫大な資金と人材を投入したエレクトロニクス、航空機、原子力などの軍事技術開発で連合国を勝利に導いた。それが今日まで続いている。

ところで米国の防衛産業も、何度かの危機に見舞われた。大きなものは第2次大戦終結で、それに次ぐのが1989年の冷静終結だ。いずれも防衛産業への影響は、需要の大きな減退となって現れた。

これらは防衛産業にとっては「外患」であった。この他に防衛産業は、「内憂」も抱えていた。武器の開発費高騰と期間の長期化である。

戦闘機を例にとってみよう。米軍の戦闘機F－4ファントム（第3世代）とF－22ラプター（第5世代）の開発期間・開発費・単価などの比較を表2－1に示す。これら戦闘機には初飛行を基準として30年間の時が開いているが、開発費（実質値）はその間に18倍となっている。開発期間も3倍を超える長さだ。まして調達機数は10分の1に満たず、単価（実質値）も8倍以上となった。

武器の開発から生産までを1つの「事業」として捉えると、「事業規模」が文字通り桁違いに大きくなった。小規模事業が波状的に起こるのと、大規模事業が間隔を開けて生じる場合とを比べると、後者の方がリスクは高い。一発勝負の「ギャンブル性」が強くなるからだ。

表2-1

F-4とF-22の開発期間・開発費・単価などの比較

	F-4（第3世代）	F-22（第5世代）
初飛行	1960年	1990年
開発期間	6年	22年
開発費（2013年価格）	22億ドル	393億ドル
単　価（　〃　）	2,140万ドル	1億7,450万ドル
1機当たり製造期間	14カ月	41カ月
調達機数	2,078機	187機

註：F-4は初め海軍機として開発された。開発費や単価は2013年価格で、インフレなどを調整した実質金額。F-4の調達機数は米空軍のみ。F-4の全生産機数（米国外でのライセンス生産を含む）は5,195機。

出所：Aaron Martin and Ben FitzGerald, "Process Over Platforms: A Paradigm Shift in Acquisition Through Advanced Manufacturing," *Disruptive Defense Papers* (Center for a New American Security) (Dec., 2013).

このような時には、リスクを回避する方法は大きく2つある。リスクを国が負うか（防衛産業の国有化）、または民間企業の場合には規模を大きくしてリスクに対する耐性を向上させるかだ。現在の西側諸国では、国営防衛産業（工廠）はほとんど存在しないので、民間企業によるリスク対応が中心となる。つまり企業の合併・統合だ。

冷戦終結と「最後の晩餐」

戦闘機を例にとったが、「収益事業」として武器の開発・生産を見た場合、輸出は別として「軍が買ってくれる（市場競争はない）」とはいえ、民間企業にとってリスクは確実に高まっている。

これはF－4とF－22だけに見られるのではなく、戦闘機開発において大きな流れとなっている。表2－2には、戦闘機の世代別の初飛行と運用開始の時期を掲載した。
ここからは、世代を経るごとに運用開始までの時間が長くなっていることが分かる。第1〜3世代までは、概ね1〜3年だった。これが第4世代では4年となり、第5世代になると8〜9年へと延びた。

表2-2

戦後の米国主力戦闘機の初飛行年・運用開始年

世代	機種	初飛行	運用開始
第1世代	F-80	1944年	1945年
	F-86	1947年	1949年
第2世代	F-100	1953年	1954年
	F-102	1953年	1955年
	F-104	1954年	1958年
	F-106	1956年	1959年
第3世代	F-4	1958年	1960年
第4世代	F-15	1972年	1976年
	F-16	1974年	1978年
第5世代	F-22	1997年	2005年
	F-35	2006年	2015年
第4.5世代	F-2	1995年	2000年

註：F-2は日米共同開発・生産の戦闘機で、米軍は配備せず。
出所：小野圭司『いま本気で考えるための 日本の防衛問題入門』（河出書房新社、2023年）

表の最下段には、参考までに日米共同開発のF－2戦闘機も掲載した。同機は4・5世代戦闘機ともいわれているが、その通り初飛行から運用開始までが5年となっており、第4世代と第5世代の間に収まっている。

この開発費は軍が負担するが、この間は生産が行われない。防衛産業側にとって開発期間は、あくまで懐妊期間に過ぎず「収益事業」としての旨みは薄い。これが徐々に長期化しているわけだ。

冷戦終結以降、米国の大手防衛産業は合併や統合を繰り返し集約化されていった。米国ほどの国防支出と武器の需要があれば、防衛産業も安泰のようにも見えるが、実態はそうでもない。合併・統合による規模の拡大は、リスクが高まっていることへの民間企業側の回答でもある。

米国政府の後押しもあった。1993年の秋、ウィリアム・ペリー国防副長官（当時。黒船で日本に来航したマシュー・ペリー提督の5代前の伯父）は防衛産業の経営者との夕食会の席上、「5年以内に半分以上の防衛関連企業が存続できなくなる」との見方を示し、各社は合併で集約化されるのが望ましいと述べた。これは『新約聖書』にある、キリスト受難前夜の晩餐になぞらえて、「最後の晩餐」と揶揄されている。

2 米国防衛産業の課題と対応

明らかになった米国防衛産業の盲点

世界最大の軍隊を抱える米国の防衛産業が、「内憂外患」に迫られた結果とはいえ合併・統合を繰り返すと、市場を席巻する巨大な防衛関連企業が生まれることは容易に想像できる。実際に表1－6でも、防衛関連企業の世界上位が米国企業によって独占されている。

しかし巨大防衛産業も「民間企業」なので、社会経済の変化に応じた対応をとる。その1つが、冷戦終結後しばらくして始まった経済活動のグローバル化だ。

グローバル化の引き合いによく出される携帯電話でいうと、米国アップル社のiPhone15では米国製部品が構成部品全体に占める割合は33%に過ぎない。残りは韓国(29%)、日本(10%)、台湾(9%)、中国(3%)、その他となっている。最終組み立ては主に中国で行われ、最近ではインドの比率が徐々に上がっている。

同じようなことが、武器でも起こっている。表1-6にある企業は、iPhoneのように最終製品を顧客に納入する。民生品ほどではないにせよ、武器の製造においても品質とコストを求めて構成部品は世界中から調達する。

米国の防衛産業も、このグローバル化の只中にある。そして新型コロナウイルスの影響で世界の物流が停滞した際に顕在化したのが、供給網(サプライチェーン)の問題だった。

感染拡大による工場の稼働停止や物流停滞で、各種部品の製造・流通が滞った。自動車などの民生品産業では、特に半導体の供給不足が深刻となった。これは感染症拡大による巣ごもり需要の増大で、IT機器や情報家電向けの半導体需要が急増したことによる。ただでさえ生産と流通が混乱していた半導体の製造現場は、この需要拡大に応えることができなかった。

同じことが防衛産業にも生じた。

もう1つは、米国といえども武器の生産余力が、有事の際には不十分であることが明らかとなったことだ。

米国はベトナム戦争（1965〜73年）以降、大規模な長期戦を経験していない。湾岸戦争（1991年）やイラク戦争（2003年）ではそれぞれ50万・10万強といった大量の兵力動員が行われたが、本格的な戦闘は1カ月程度で終了している。このため武器、特に弾薬の量や在庫は大きな問題とならなかった。

これが表面化したのは、2022年2月に始まったロシアによるウクライナ侵攻だった。すでに述べたように、米国がウクライナに供与した対戦車ミサイル・ジャベリンや肩打ち式地対空ミサイル・スティンガーでは、米国内の在庫が急速に減少した。

主力野戦砲で用いられる155㎜砲弾の製造能力不足も露呈した。米国はウクライナに155㎜榴弾砲とその弾薬300万発を提供しているが、弾薬の生産能力は年間約16万発しかないために、米国自身が弾薬の不足に陥っている。このため韓国から50万発を購入し、同時に生産能力を2028年までに年約100万発に引き上げる計画を進めている。

このように盤石に見えた米国の防衛産業も、供給網や生産余力という盲点があることが判明し、次に見る「国家防衛産業戦略」策定に繋がった。[*1]

「国家防衛産業戦略」が目指すもの

2024年1月に公表された米国の「国家防衛産業戦略」では、一国の軍事力はその国の総合的経済力に依拠するとしている。そして防衛産業戦略の優先事項として、大きく4つの項目が挙げられている。具体的には、「強靭な供給網」「労働力の確保」「柔軟な調達政策」「経済的抑止力」である。

これまでに述べてきたことに照らし合わせると、この4項目の中でもっとも重要なものが「強靭な供給網」の構築となる。防衛産業に特有のリスクを民間企業だけに負わせるのではなく、政府もリスクを応分に負担することで供給網の強靭性改善を図ったり、部品も含めた製造工程の国内回帰促進が含まれる。リスク軽減においては、データ分析の活用も視野に入れている。

換言すると、官民でのリスク分担と、最先端技術を使ったリスクの管理・低減化の促進である。

項目の2つ目に挙がっている「労働力の確保」は、量の問題よりも質の問題である。この質の問題は、さらに2つに分かれる。1つは自然科学（科学、技術、工学、数学）分野の人材基盤の強化で、もう1つは技術革新（イノベーション）を生む環境の醸成だ。防衛産業における人材の多様性確保、伝統的黒人大学やマイノリティー受け入れ大学への投資についての言及は、技術革新の土壌涵養《かんよう》と結び付いている。

＊1　Department of Defense, National Defense Industrial Strategy (Washington DC : Department of Defense, 2023).

3つ目の「柔軟な調達政策」では、制度面での担保を狙っている。これは独善的・官僚主義的な性癖の排除であると捉えてよい。具体的な項目には、「標準化」「過度な要求仕様の抑制」「新規開発ではなく既存製品の利活用」などが列挙されている。官僚主義的な硬直性の打破は「国家防衛産業戦略」の基盤を形成する。

これまでの3項目は米国内で閉じた内容だが、最後の「経済的抑止力」は対外関係が関わってくる。装備品・技術分野での同盟国・友好国との連携強化であり、この連携は敵対国への対処においても必要なものと位置付けている。

何度も述べてきたように、米国の防衛産業は企業規模・技術の点で完全な優位にある。その米国をもってしても、中国の経済的・技術的台頭の前には同盟国・友好国との連携が不可欠であると認識させている。[*2]

*2　米国の「国家防衛産業戦略」については、清岡克吉「「米国国家防衛産業戦略」を読み解く」『NIDSコメンタリー』第298号（2024年2月）も参照のこと。

ロッキード・マーチン

孤高の巨人

売上高　：675・7億ドル（うち防衛関連608・1億ドル：90％）
従業員数：12万人
事業分野：防衛、航空宇宙、情報セキュリティ

ロッキード・マーチンは世界最大の防衛関連企業だ。戦史ファンであれば、「ロッキード」と聞いて第２次大戦で活躍した双胴《そうどう》の戦闘機、Ｐ－38ライトニングを思い浮かべる人が多いだろう。Ｐ－38は航続距離が長く、１９４３（昭和18）年４月には、連合艦隊司令長官だった山本五十六《いそろく》の乗機撃墜作戦に使われた。

第２次大戦で自由フランス軍にパイロットとして従軍した『星の王子さま』の著者サン＝テグジュペリが、１９４４年７月にマルセイユ沖で墜落死する際に乗っていたのもＰ－38の偵察機型だ。

旅客機では、かつて日本の空にも飛んでいた大型旅客機Ｌ－１０１１トライスターが懐かし

まれる。トライスターに絡んでは、日本の政財界を揺るがせた贈収賄事件「ロッキード事件」もあった。さらにトライスターは英国ロールス・ロイス製のエンジンを搭載したが、この開発につまずいたロールス・ロイスは倒産の憂き目に遭い一時期国有化されている。

その名からも分かるように、これらはロッキードとマーチン・マリエッタが合併して、1995年にロッキード・マーチンが成立する前の製品だ。ロッキードはロッキード兄弟によって1926年に設立された航空機メーカーで、第2次大戦ではP－38など軍用機の開発・生産、ボーイングB－17爆撃機のライセンス生産で業容を拡大した。

戦後も軍用機中心の開発・生産を行い、その中には日本でも採用されたF－104J戦闘機、P－3C哨戒機、C－130H/R輸送機がある。世界初のステルス戦闘機F－117もロッキードが開発・生産した。

さらに1993年には、やはり大手防衛関連企業であったジェネラル・ダイナミックスの軍用機部門を吸収した。これによってF－16戦闘機の製造はロッキードに移った。

マーチン・マリエッタの前身社であるグレン・L・マーチンも1912年設立の航空機メーカーで、爆撃機や飛行艇を開発・製造、第2次大戦中にはボーイングB－29爆撃機のライセンス生産も行った。日本に原爆を投下した「エノラ・ゲイ」(広島)と「ボックスカー」(長崎)はいずれもボーイング製ではなく、マーチンでライセンス生産された機体だ。ただし戦後は航空機から事業の重心をミサイルや宇宙開発関係に移し、1961年に化学製品メーカーのアメ

F-35戦闘機

出所：航空自衛隊

リカン・マリエッタを吸収してマーチン・マリエッタとなった。

マーチン・マリエッタは合併前であるマーチンの時代から、タイタン大陸間弾道ミサイル（ＩＣＢＭ）の開発・製造を行っていた。このミサイルは宇宙開発に転用され、アポロ計画の前段階である有人宇宙船ジェミニの打ち上げや、火星探査機ヴァイキングや惑星探査機ボイジャーの打ち上げに用いられた。

〔主な防衛装備品〕

・**Ｆ－35戦闘機**：最大速度マッハ1・6、戦闘行動半径１１００km

ロッキード・マーチン主体による国際共同で開発した多用途戦闘機。第5世代戦闘機に分類される。通常離着陸型、垂直・短距離離着陸型、艦上機型の3種類ある。初飛行は２００６年。

日本は当初の共同開発国に入っていなかったが、２０１１年にＦ－４ＥＪの後継機として配備すること

F-16（F-2）戦闘機

出所：航空自衛隊

に決定した。配備予定の147機は米国に次ぐ数で（1機を事故で損失）、共同開発国の英国（138機）やイタリア（115機）よりも多い。F－35は採用国が多いために、世界数カ所に国際整備拠点が置かれ、そのうち1つは日本の三菱重工・小牧南工場に設置されている。

・**F－16戦闘機**：最大速度マッハ2・0、戦闘行動半径1700㎞

ジェネラル・ダイナミックスによって開発された第4世代の多用途戦闘機。全世界で4600機以上が製造されているベストセラー戦闘機。1992年にジェネラル・ダイナミックスの軍用機部門がロッキードに売却された。日本の航空自衛隊が運用しているF－2戦闘機はF－16を日米共同開発により改造したもので、米国側の協力会社はロッキード・マーチンであった。

・**イージス・システム**：海軍艦艇向け戦闘システム

FGM-148ジャベリン

出所：United States Army

1969年に開発が始まった、防空を重視した海軍艦艇用戦闘システム。その後、弾道ミサイル防衛の機能が追加されている。日本では1993年に就役した、ミサイル護衛艦「こんごう」にはじめて搭載された。

イージスはギリシア神話に出てくる楯のことで、主神ゼウスやその娘で戦いと知恵の女神アテナ（ギリシアの首都アテネの語源）が使う。

・FGM-148ジャベリン個人携行式対戦車ミサイル：射程4000m

1980年代半ばに開発が始まった対戦車ミサイル。開発・製造はロッキード・マーチンとレイセオンの合弁企業が行っている。建造物や陣地などの攻撃に用いることもできるが、ジャベリン・ミサイルは高価なので、構造物や陣地を「耕すような」使い方は費用対効果が見られない。2022年2月に始まったロシアによるウクライナ侵攻以降、ウクライナに大量に供与されロシア軍戦車を多数撃破している。

ジャベリンは古代ローマで使われた武器の投げ槍のことで、現代の陸上競技・投擲《とうてき》種目のやり投げの元となっている。

・トライデント潜水艦発射弾道ミサイル（SLBM）：射程1万1000km以上

米国の核戦力を担うミサイルで、オハイオ級潜水艦10隻に各20基搭載されている。1基のミサイルが複数の核弾頭を搭載し、それぞれの弾頭が個別目標を攻撃できる。同ミサイルは英国も採用しており、ヴァンガード級潜水艦4隻（各16基搭載）に配備されている。

トライデントとは、ギリシア・ローマ神話での海の神（それぞれポセイドンとネプチューン）が使う三叉槍《さんさそう》（先が三つに分かれた槍）のことである。

RTX

売上高　：689・2億ドル（うち防衛関連406・6億ドル：59％）
従業員数：19万人
事業分野：ミサイル、レーダー、航空機用エンジン

大いなる裏方

第2次大戦前から戦闘機や輸送機を生産していたロッキードやグラマンなどと違い、RTX(旧・レイセオン)の社名は一般の人にはなじみが薄いかも知れない。RTXはミサイルやレーダーに特化しており、戦闘機や艦艇から見ると確かに裏方に近い存在だ。しかしこの分野では確固たる地位にあり、防衛関連の売り上げでも世界第2位の巨大企業である。

マサチューセッツ工科大学の教授らによって1922年に、電子機器メーカーとして設立された。第2次大戦中はレーダーの開発・生産を行い、その過程で電子レンジの原理を発見して特許を取得、戦後の一時期に子会社で電子レンジを生産したが、後に家電分野からは撤退している。

大戦中には、標的近くで高射砲弾を爆発させる（命中しなくても破片で損傷させる）近接信管が開発されたが、レイセオンはこれに欠かせない小型耐衝撃真空管を製造した。

１９８０年には民間小型機メーカーのビーチ・エアクラフトを買収するが、これも21世紀に入ってから売却して、ミサイルやレーダーなどの専業メーカーとしての路線を明確にした。

そんな「裏方」のレイセオンが、存在感を示したのが湾岸戦争（１９９１年）だった。アラブ諸国の足並みを乱すために、イラクのフセイン大統領はアラブ世界「共通の敵」であるイスラエルに対してスカッド短距離弾道ミサイルによる攻撃を開始した。これに対して多国籍軍側はレイセオン社製のパトリオット地対空ミサイルをイスラエルに展開して、スカッド・ミサイルを迎撃した。「レイセオン」の社名は前面に出てこなかったものの、この迎撃の様子はテレビ中継などで世界中に放映された。

なお２０１９年に国防長官に就任したマーク・エスパー、２０２１年に同じく国防長官となったロイド・オースチンはともに国防長官就任前にはレイセオンの重役だった。ここら辺りからも、レイセオンと国防省の結び付きがうかがい知れる。

２０２０年には、ゼネラル・エレクトリック、ロールス・ロイスと並ぶ航空機用エンジンの三大メーカーの1つ、プラット・アンド・ホイットニーがレイセオン傘下に入った。プラット・アンド・ホイットニーは、Ｆ－15やＦ－35のエンジンを製造している。

レイセオンは２０２３年7月に、ＲＴＸに社名を変更した。

MIM-104パトリオット地対空ミサイル

出所：航空自衛隊

〔主な防衛装備品〕

・**MIM-104パトリオット地対空ミサイル**：射程70～100㎞（弾道ミサイル対応では約3分の1）

広域防空用の地対空ミサイルシステムで、米国以外にも日本を含む同盟国・友好国で広く運用されている。2022年2月に始まったロシアによるウクライナ侵攻の後、米国とドイツがパトリオット・システムをウクライナに供与した。近年はミサイル防衛の能力向上も図られており、ウクライナでは、ロシアの空中発射型対地攻撃ミサイルの迎撃にも成功したと報じられている。米国では陸軍の装備となっているが、日本では航空自衛隊が運用している。

パトリオットは「愛国者」を意味するが、米国史では英国植民地時代に活動した独立推進勢力を指す。

・**BGM-109トマホーク巡航ミサイル**：射程500～3000㎞

BGM-109トマホーク巡航ミサイル

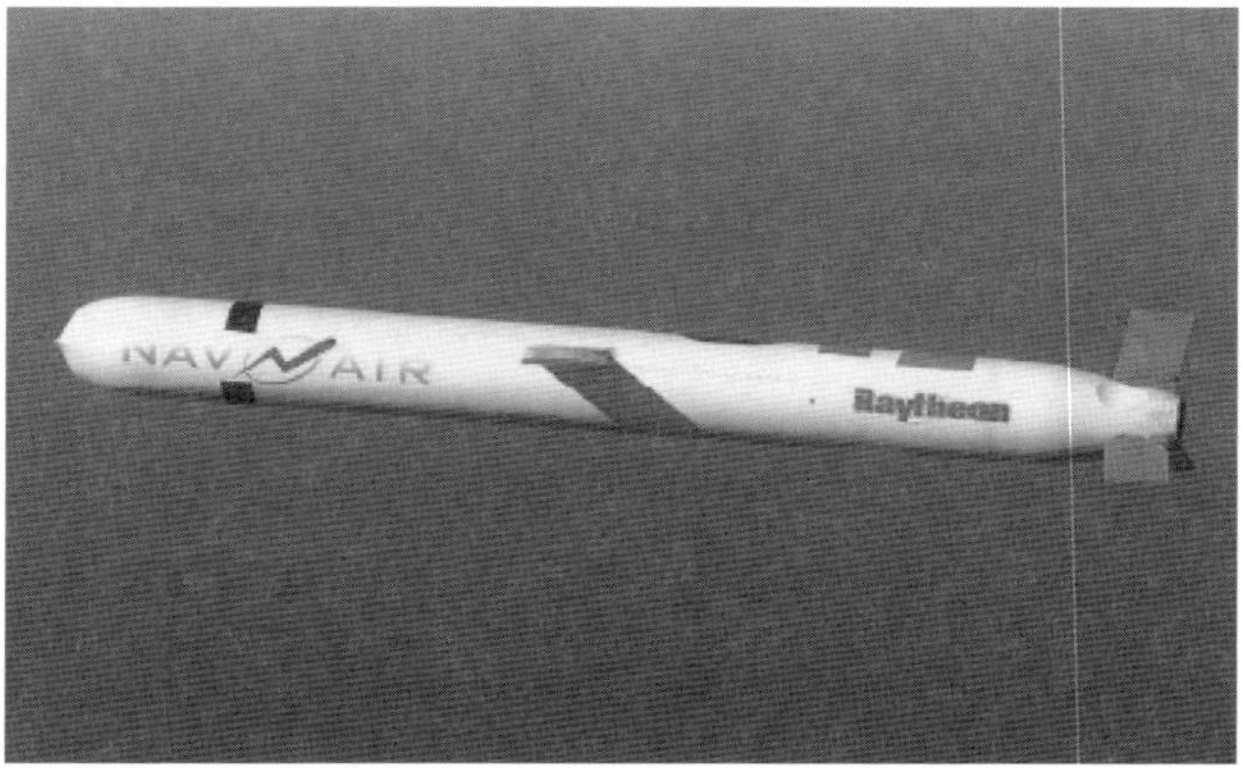

出所：U.S. Navy

潜水艦を含む海軍艦艇から発射される、艦対艦・艦対地巡航ミサイル。1991年の湾岸戦争や2003年のイラク戦争でも用いられた。日本でも反撃能力を担う装備品として、トマホーク巡航ミサイルを最大400発導入することが決定している。もともと開発したのはジェネラル・ダイナミックスだったが、同社のミサイル事業部門はヒューズ・エアクラフトに、その後その防衛部門はレイセオンに売却された。

トマホークは北米の先住民（インディアン）が使っていた片手斧で、工具としてのほか投擲武器としても利用された。

・**Mk15ファランクス近接防御火器システム**：射程5000m

海軍艦艇搭載型の、対艦ミサイル防御システム。目標の捕捉・追尾、識別、複数目標の中での脅威度判定、多銃身機銃での攻撃を全自動で行う。音速で接近するミサイルへの対応であるために、これら一連の操作は

Mk15ファランクス近接防御火器システム

出所：U.S. Navy

一種の人工知能（ＡＩ）が行っている。トマホークと同様に、当初はジェネラル・ダイナミックスが開発・生産をしていたが、現在ではＲＴＸが生産している。日本でも、海上自衛隊が艦艇用防御システムとして導入している。

ファランクスは古代ギリシアの陣形で、重装歩兵が方陣で作る「槍ぶすま」を意味する。

・AN/APG-63火器管制レーダー：探知距離１５０km

Ｆ－15戦闘機用に開発されたレーダー。探知性能もさることながら、整備性も考慮されており、機器は交換ユニットに分かれている。故障が判明したら、前線ではその部分のユニットだけ交換すればよい。ユニットそのものの修理は後方で行われる。これにより前線での整備性が格段に向上した。

航空自衛隊が装備するＦ－15にも、三菱電機がライセンス生産した同レーダーが搭載されている。

ノースロップ・グラマン

映画「トップガン」での共演から合併へ

売上高　：３９２・９億ドル（うち防衛関連３５５・７億ドル：91％）
従業員数：10万人
事業分野：航空機、艦艇、情報システム

ロッキードと並んで、グラマンの社名はよく知られている。太平洋戦争中の日本にとって、敵である米国の戦闘機といえばグラマンだった。トム・クルーズ主演の映画「トップガン」（１９８６年）に出てくるＦ－14戦闘機もグラマン製だ。

グラマンは海軍向けの戦闘機・攻撃機メーカーとして太平洋戦争前から実績を積んでいた。戦後にジェット機の時代に入ってもこれは続く。日本との関係では、航空自衛隊が主力戦闘機として１９５９（昭和34）年にロッキードのＦ－１０４の採用を決めたが、この時の対抗馬がグラマン製の海軍向け戦闘機Ｆ－11だった。

B-2爆撃機スピリット

出所：U.S. Air Force

グラマンに比べると、ノースロップの方は目立たない。それでもベストセラー戦闘機Ｆ－５を生み出している。これは練習機から発展した軽量戦闘機で、構造が簡単で扱いやすかったことから途上国を中心に多数導入された。

映画「トップガン」（１９８６年）の中で、架空の戦闘機Ｍｉｇ－28の役を演じているのがＦ－５戦闘機だ。ノースロップとグラマンは１９９４年に合併してノースロップ・グラマンとなったが、映画の中での両社の共演はそれよりも10年近く早かったことになる。

現実でもＦ－５は飛行特性がソ連のＭｉｇ－21に似ていたことから、米国では訓練用仮想敵飛行隊（アグレッサー部隊）の装備としても使われた。

現在のノースロップ・グラマンは、伝統的な航空機の他に航空母艦・駆逐艦・潜水艦、沿岸警備隊の艦艇、レーダーなどの生産を手掛けている。日本では航空自衛隊が同社製の早期警戒機Ｅ－２を13機、無人機ＲＱ－４グローバルホークを２機運用している（２０２３

原子力空母「ジェラルド・R・フォード」

出所：U.S. Navy

年3月現在）。

〔主な防衛装備品〕

・**B－2爆撃機スピリット**：最高速度マッハ0・95、航続距離1万1000㎞、爆弾搭載量23トン

レーダー波の反射を抑えるために水平・垂直尾翼を省いた、ブーメランのような形をしているステルス戦略爆撃機。ギネス世界記録では、1999年の1機の機体価格13億ドル（当時の為替相場で約1300億円）が軍用機の史上最高価格と認定されている。当時最高価格の民間航空機がB－747－400旅客機の1・9億ドル、航空自衛隊が調達していたF－2戦闘機が132億円（2007年の調達価格）だった。

あまりに高価なため、当初計画の130機ほどから21機へと大幅に減らされた。

・**原子力空母「ジェラルド・R・フォード」**：満載排水量10万トン、搭載機75機

RQ-4グローバルホーク無人機

出所：U.S. Air Force

米海軍が保有する最新型の原子力航空母艦（空母）。一前級に当たるニミッツ級から大きな変更はないが、一番の特徴は航空機を離艦させる時に使うカタパルト（射出機）が、蒸気式から電磁式に変わった点だ。これはリニアモーターに似た原理を使って艦載機を打ち出すもので、世界で初めての採用となった。

「ジェラルド・R・フォード」の価格は130億ドル（就役した2017年の為替相場で約1兆4600億円）で、これもギネス世界記録では史上もっとも高価な軍艦とされている。海上自衛隊でもっとも高価な艦艇は護衛艦「はぐろ」で、取得価格は約1730億円である。

ただし起工時に同艦を建造していた造船所はノースロップ・グラマンの造船部門に所属していたが、建造中の2011年にノースロップ・グラマンは造船部門を手放している。

・ＲＱ－４グローバルホーク無人機：最高速度時速630km、航続距離2万3000km

翼幅が40ｍにもなる大型高性能無人機。ＲＱ－４は高性能電子機器やセンサを搭載して情報収集や監視活動を行うことを目的としている。このため長時間飛行できることが求められ、航続距離は2万3000kmと、計算上は無給油で東京―ニューヨーク（1万1000km）の往復が可能だ。

米国海軍では同機の海軍型を洋上監視用に導入している。有人哨戒機の任務を一部これで代替して隊員の負担軽減を図っている。

ボーイング

軍民両睨み

売上高　：７７７・９億ドル（うち防衛関連３１１・０億ドル：40％）
従業員数：17万人
事業分野：航空機、ミサイル

ボーイングは日本では、旅客機メーカーとしての存在感が大きい。同社のB－７６７旅客機では日本企業が生産の16％、B－７７７で21％、最新型のB－７８７になると35％を担当している。

第１次世界大戦中の１９１６年にシアトルで設立されたボーイングは、１９２０年には航空機製造に加えて航空輸送も行う企業となった。しかし１９３４年に反トラスト法の適用で輸送部門などを分離した。この時に独立した航空輸送部門が、現在も日本に乗り入れているユナイテッド航空である。

第２次大戦前のボーイングは、ライバル社だったダグラス・エアクラフトに旅客機製造で大きく水をあけられていた。そんなボーイングが軍用機メーカーとして頭角を現したのが、1936年に米国陸軍（当時の米国には空軍が無かった）に採用されたB－17爆撃機の成功だ。その後、B－29、B－47、B－52と戦略爆撃機メーカーとしての地歩を固めることになる。スペースシャトルもボーイングが開発・製造したものだった。

旅客機ではボーイングと競合関係にあったダグラスは、1935年に初飛行したDC－3がベストセラー機となった。民間用旅客機の生産数は約700機とこれだけでも商業的には大成功だったが、第2次大戦では軍用機型が1万機以上生産されている。戦時の軍需は平時の民需と次元が全く異なる。

ノルマンディー上陸作戦や映画「遠すぎた橋」（1977年）に描かれたマーケット・ガーデン作戦の空挺部隊が使った輸送機は、主としてDC－3の軍用機型だ。

日本でも「敵国」の飛行機ながら、戦前にライセンス生産の契約をしていたことから400機ほどのDC－3が零式輸送機（前線の兵士からは「ダグラス輸送機」とも呼ばれていた）の名で、中島飛行機（現・SUBARU）や昭和飛行機で海軍用輸送機として生産された。

戦後もダグラスは旅客機や軍用機で成功を収めるが、開発費の高騰とロッキードとの旧式旅客機の値下げ競争で資金繰りに苦慮するようになった。その窮状から抜け出すために、F－4ファントムなどの開発・生産に実績のある軍用機専門のマクドネル・エアクラフトと合併し、1967年に社名もマクドネル・ダグラスとなる。

合併後は一時、旅客機（DC－10、MD－80）・軍用機（F－15、F－18）の開発・販売に成功する。ところが旅客機ではその後の新型機開発に失敗したうえに欧州企業エアバスの台頭があり、軍用機でもF－15の後継機開発の受注競争でロッキードに敗れた。こうしてマクドネル・ダグラスは窮地に陥り、1997年にボーイングが同社を吸収合併した。

現在のボーイングは軍用機（戦闘機、輸送機、軍用ヘリコプター）・ミサイルなどの他、民生部門では大型旅客機市場でもエアバスと世界を2分し、宇宙船も手掛けている。このため売り上げ全体に占める防衛部門の比率は40％と低い値に留まっている。

〔主な防衛装備品〕

・**F－15戦闘機**：最大速度マッハ2・5、戦闘行動半径1300km

ベストセラーとなったF－4戦闘機の後継として開発された制空戦闘機。米国の大型戦闘爆撃機がベトナム戦争では軽量で旧式のMig－17との格闘戦で苦戦した戦訓を取り入れて、運動性を重視している。

ただし高価な戦闘機となり、導入したのは米国の他には日本、イスラエル、サウジアラビア、韓国、シンガポール、カタールなどの、いわゆる「金持ち国」に限られた。このため米国では当初、軽量で安価なF－16と組み合わせた「ハイ・ロー・ミックス」での配備が行われた。

初飛行は1972年だが、改修・改良型は21世紀半ばを越えて利用される見込みで、基本設計の優秀さを物語っている。

F-15戦闘機

出所：航空自衛隊

F－15の愛称はイーグル（ワシ）だ。ワシは先住民（インディアン）にとって神聖な生き物で、米国の国鳥に指定され国章にも記されるなど、米国そのものを象徴している。

・**V－22オスプレイ輸送機**：最高速度時速560km、戦闘行動半径1800km

ベル・ヘリコプターと共同開発・生産を行っている、回転翼（プロペラ）軸の角度を変更する方式を採用した輸送機。日本では正式名称（V－22）よりも、愛称として付けられた「オスプレイ」の名で知られている。

回転翼を上向きにすると垂直離着陸が可能で、上昇後は回転翼を前向きにして飛行する。このため同規模のヘリコプターに比べて最高速度は8割増、航続距離は6割増の性能を発揮する。ただ積載量はヘリコプターに比べて2割弱少ない。

このような特性から、南西方面への迅速な部隊展開を目的に陸上自衛隊が14機配備（2023年度末現在）

V-22オスプレイ輸送機

出所：FOX 52

している。なお米軍では海兵隊を中心に450機以上が運用中である。

・JDAM：爆弾装着機器

誘導装置のない自由落下爆弾に装着して、比較的安価に精密誘導を可能とさせる機器だ。精密誘導のために慣性航法装置やGPSが組み込まれており、最近ではレーザー誘導が可能なものも開発されている。

標的のデータは爆弾投下後に変更もできるので、投下後の爆弾の目標を落下中に変更することも可能である。本装備は航空自衛隊も導入している。

もともとマクドネル・ダグラスが開発したものだが、現在では同社を吸収合併したボーイングが生産を行っている。

・ミニットマン大陸間弾道ミサイル（ICBM）：射程1万4000km以上

米国では戦略爆撃機（B－52、B－2）や潜水艦発射弾道ミサイル（トライデント）と並んで、米国の核戦略を支える三本柱の1つ。複数弾頭を搭載し、各弾頭が個別に目標を攻撃できる機能を初めて備えた。米軍では空軍が運用し、400基を配備している。

ミニットマンは米国独立戦争（1775〜83年）に活躍した、独立軍側の民兵を意味する。

ジェネラル・ダイナミックス

経営もダイナミックに

売上高　：422・7億ドル（うち防衛関連302・0億ドル：71％）
従業員数：11万人
事業分野：艦艇、戦闘車両、システム

ジェネラル・ダイナミックスの歴史は、潜水艇建造を目的とするエレクトリック・ボートが1899年にニュージャージーで設立されたことに始まる。同社の潜水艇は日露戦争中の1905（明治38）年に日本海軍も導入した。1954年には、世界初の原子力潜水艦となる米海軍向け攻撃型原潜「ノーチラス」を竣工させた。なお攻撃型潜水艦は、艦艇や地上の戦術目標などを攻撃することを任務としている。

エレクトリック・ボートが大きく発展するのは第2次大戦後に、カナダの航空機メーカーを買収したことに始まる。そうなると造船会社を思わせるエレクトリック・ボートという名前が相応しくなくなり、1952年にジェネラル・ダイナミックスに社名を変更した。

社名変更の翌年には、大手航空機メーカーのコンベアを買収している。その後コンベアは、ジェネラル・ダイナミックス傘下の企業として戦闘機・爆撃機を含む航空機の開発・生産を行った。しかし１９５０年代末から60年代初めにかけて旅客機の開発で失敗し、その後のコンベアはボーイング、マクドネル・ダグラス、ロッキードの下請けとなった。

ややこしいのだが買収したコンベアとは別に、ジェネラル・ダイナミックスは軍用機の開発を行い、１９７４年にベストセラーとなるＦ－16の試作機を初飛行させている。この関係で、台湾がＦ－16の設計・運用思想に近いＦ－ＣＫ－１（経国）戦闘機を１９８０年代に開発した際に技術協力を行っている。また韓国がＴ－50練習機を開発した際にもジェネラル・ダイナミックスが協力しており、同機はＦ－16に影響を受けた設計となっている。

ジェネラル・ダイナミックスは、１９８２年には自動車メーカーであるクライスラーの防衛部門を買収した。その2年前からクライスラーは韓国の戦車開発計画に技術支援を行っていたが、これはジェネラル・ダイナミックスに引き継がれた（韓国側企業は現代精工〔現・現代ロテム〕）。この他にも１９８５年に小型機メーカーの名門セスナを、２００３年にはゼネラルモーターズの軍用車両部門をそれぞれ買収した。

それと並行して１９９２年にはセスナを売却。翌年には軍用機部門をロッキードに、１９９４年にはコンベアをマーチン・マリエッタ（宇宙部門）とマクドネル・ダグラス（航空機部門）に分割して売却するなど、社名通り「ダイナミック」な企業の買収・売却を行ってい

M1戦車

出所：7th Army Joint Multinational Training Command

る。

現在のジェネラル・ダイナミックスは、軍用車両、原子力潜水艦、水上艦艇、機銃などを生産している。

〔主な防衛装備品〕

・M1戦車：主砲120mm滑腔砲、最高速度時速70km

米国陸軍が1970年代に示した次期戦車開発計画に、クライスラーとゼネラルモーターズが応募してクライスラーの案が採用となった。これがM1戦車で、クライスラーの防衛部門がジェネラル・ダイナミックスに売却されたことで、戦車の開発も同社に移った。

改良を重ねて、現在でも米国陸軍の主力戦車の地位にあり、湾岸戦争（1991年）やイラク戦争（2003年）にも投入された。2022年2月に始まったロシアによるウクライナ侵攻では、米国政府はM1戦車のウクライナへの供与を表明し、戦場でその存在が確認された。

M1126ストライカー装甲車

出所：U.S. Army

・M1126ストライカー装甲車：乗員2名＋戦闘員9名、最高速度時速100km

米陸軍が配備する8輪型の装輪装甲車。愛称は「ストライカー」で、こちらの方で一般には名が通っている。米国陸軍では、ストライカー装甲車を主力装備として、機動性を高めたストライカー旅団が編成された。同旅団では、4500名の兵士に対して300台を超えるストライカー装甲車が配備されている。

派生型の種類が多いのも特徴で、兵員輸送、核・生物・化学兵器対応偵察、自走砲、迫撃砲搭載、対戦車ミサイル搭載、対空ミサイル搭載、戦闘指揮、工兵用、野戦救急などが運用されている。

・ヴァージニア級攻撃型原子力潜水艦：満載排水量7800トン

敵の艦艇や地上の戦術目標を攻撃することを目的とする潜水艦。前級のシーウルフ級が高価なため3隻で

ヴァージニア級攻撃型原子力潜水艦

出所：U.S. Navy

建造中止となり、それに代わる低価格版として開発された。結果として、価格は3割ほど低下したと見られる。

ヴァージニア級はジェネラル・ダイナミックスとノースロップ・グラマンで建造されていたが、2011年にノースロップ・グラマンは艦艇建造部門（インガルス造船所）を手放し、同部門は独立した。ヴァージニア級は、オーストラリアが次期潜水艦かつ初の原子力潜水艦として導入することになっている。

・アーレイ・バーク級駆逐艦：満載排水量9700トン

米国海軍の主力駆逐艦で、イージス・システムを備えている。設計段階では、イージス・システムとその下で稼働する武器を効率よく搭載する艦形が追求された。このため日本や韓国で建造されたイージス・システム搭載艦の設計に影響を与えている。

同級はジェネラル・ダイナミックスとインガルス造

アーレイ・バーク級駆逐艦

出所：U.S. Navy

船所（2011年にノースロップ・グラマンから独立）の2社が建造を行っている。

艦級名のアーレイ・バークは、元米国海軍作戦部長（米国海軍の最高位）アーレイ・バーク大将にちなんでいる。同大将は太平洋戦争で日本軍と戦った後、戦後には海上自衛隊の育成に尽力した。

The Geopolitics of the Defense Industry

第3章

世界の防衛産業（Ⅱ）：欧州・韓国

冷戦の終結以降、米国と同様に欧州でも防衛産業の集約が進んだ。それでも規模では米国にかなわないのは、第1章で見た通りだ。

集約化の大きな流れに、欧州各国・各企業も抗《あらが》うことは難しい。ところが欧州の各企業は、同じNATO加盟国とはいえ国境で細分化された国情とともにあった。したがって欧州の防衛産業には、米国の防衛産業とは異なる、風情とも呼ぶべきものが感じられる。

他方で韓国の防衛産業は近年台頭著しく、官民一体となった活気に満ちている。

1

欧州——遠い米国の背中を追う

広がる国際共同開発の動き

「NATO」と一括りで言っても、米国の存在は大きい。表1－1にある欧州NATOの国防支出を合計しても、米国の3分の1に満たない。これはそのまま、防衛産業の規模の格差に繋がる。

表1－5の大手防衛関連企業の売上高でも、欧州NATOの合計額はやはり米国の4割程度である。一方で米国は41社であるのに対して、欧州NATOは26社となっている。つまり平均

すると、欧州の1社当たりの売り上げは米国の約6割だ。同じNATOといっても、欧州にとって米国の背中はこれ程遠いものとなっている。

もっとも冷戦が始まった頃から、米国と欧州の経済力格差は認識されていた。NATO創設の翌年となる1950年の値で見ると、英国のGNP（国民総生産）はドル換算で373億ドル、フランスは293億ドル、イタリアが159億ドルであった。西ドイツのNATO加盟は1955年だが、1950年のGNPは205億ドルだった。[*1]

これに対して米国の1950年時点でのGNPは2848億ドルである。欧州主要4カ国が束となっても米国の3分の1強に過ぎない。比較のために、当時の日本のGNPはドル換算で87億ドルだった。[*2]

軍事技術にとって、第2次大戦は文字通り「必要は発明の母」を体現したものとなった。戦争中にレーダー、コンピュータ、ジェット機、ミサイルなどの新しい装備が開発・改良され、武器は高性能化した。このことは、同時に高価格化も意味する。

戦争が終わってもソ連と対峙する冷戦が始まり、高性能・高価格の武器に対する需要は一向に減らない。こうなると、戦争で疲弊した西欧諸国がとる手立ては2つしかなかった。

＊1　B・R・ミッチェル編『マクミラン世界歴史統計（I）ヨーロッパ篇〈1750—1975〉』〔中村宏監訳〕（原書房、1983年）より算出。
＊2　大川一司ほか『長期経済統計1 国民所得』（東洋経済新報社、1974年）より算出。

表3-1

国際共同開発と単独開発の軍用機比較

	機種	開発国	初飛行	運用開始	間隔
●ジャギュア	練習機/攻撃機	英仏	1968年	1973年	5年
○T-2	練習機	日	1971年	1974年	3年
●アルファジェット	練習機/攻撃機	仏独	1973年	1979年	6年
○ホーク	練習機/攻撃機	英	1974年	1976年	2年
○T-4	練習機	日	1985年	1988年	3年
●ユーロファイター	戦闘機	英独伊西	1994年	2003年	9年
○ラファール	戦闘機	仏	1986年	2000年	14年

註：性能の類似した軍用機の比較。●は国際共同開発、○は単独開発の軍用機。

まず1つは、各国がそれぞれ装備品を開発・調達するのではなく、「標準装備品」を共同調達することだ。これであれば武器の調達数・生産数が増えるので、開発費が高騰しても回収の見込みが高まる。

イタリアのフィアットG・91攻撃機は、1953年にNATO軍事委員会が提示した仕様に基づいて開発され、競争試作を勝ち抜いた。しかし同機を採用したのは当時のNATO加盟15カ国のうち、開発したイタリア以外では西ドイツとポルトガルだけだった。米英仏は自国の航空機産業育成に対する配慮から、G・91に近い性能の攻撃機を独自に開発・配備している。

特定国が開発・生産する武器を「標準」として共同調達するのは、各国の防衛産業振興の思惑が絡み、うまく行かない。総論賛成・各論反対の好例といえる。

もう1つが国際共同開発だ。この嚆矢《こうし》となったのが、英仏で共同開発された攻撃機・練習機ジャギュアである（表3－1）。英国からはBAC（現・BAEシステムズ）、フランスからはブレゲー（現・ダッソー・アビアシオン）が参加した。その後、アルファジェット攻撃機・練習機（仏独）、トーネード攻撃機・戦闘機（英独伊）、ユーロファイター戦闘機（英独伊西）が国際共同で開発された。さらに国際出資企業であるエアバスも、軍用輸送機や軍用ヘリコプターの開発・生産を行っている。[*3]

このように欧州では、航空機の国際共同開発が広がっている。艦艇でも開発協力が行われる場合もあるが、建造は防衛産業の作業量確保の観点から、調達国でそれぞれ別個に実施されている。

国際共同開発と「我田引水」

欧州において、特に開発費の高騰が著しい航空機では、国際共同開発の流れは変わることがないだろう。しかしこれも、完全な解決策ではない。問題として、以下の2つが挙げられる。

第1に、調整に時間がかかることだ。各国の軍隊は、それぞれに独自の運用構想を持っている。これは多分に、その国が置かれた地理的状況とも関わってくる。海に囲まれた英国と、大陸国であるフランスやドイツとでは、戦闘機や攻撃機の運用構想が異なることは容易に想像が

＊3　ここで「独」は、ドイツ統一前の西ドイツを指す。

つく。
このような国々が共同開発する場合には、仕様の擦り合わせが難航する。難航だけではなく、共同開発計画そのものが頓挫したり、合意に至らなかった国が計画から離脱することもある。前者の例では、英仏が検討していた可変翼軍用機開発計画（1967年計画中止）がある。後者ではトーネードの開発計画から1968年にカナダとベルキーが、1969年にオランダが離脱した。ユーロファイターでは計画進行中の1985年にフランスがラファールの独自開発に切り替えている。

さらに各国は自国の防衛産業への配慮から、時に牽強附会《けんきょうふかい》の姿勢をみせる。中でもフランスは、航空機を共同開発する場合には自国製エンジンの搭載を主張して譲らない場合が多い。アルファジェットはフランス製エンジンを装備し、ジャギュアのエンジンは英仏共同開発となった。[*4] フランスがユーロファイターの開発計画から離脱した理由の1つに、フランス製エンジンが採用されなかったことがある。

国際共同開発は要求性能・製造分担調整に時間を要する。これはそのまま開発費の高騰に繋がる。表3－1に見る通り、国際共同開発の軍用機は単独開発に比べて、初飛行から運用開始まで1・5〜3倍の時間がかかっている。

もっともユーロファイターとラファールの関係は少し事情が異なる。フランスはユーロファイター計画から離脱後に、ラファールの開発を進めた。両者を比べると、ユーロファイターは初飛行までの調整に時間がかかった。一方のラファールは、フランスが伝統的に苦手とするエンジンの開発がうまく進まず、初飛行では米国ゼネラル・エレクトリック製のエンジンを搭載していた。

それでも結果的には、単独開発のラファールの方が3年早く運用開始に漕ぎつけている。

もう1つの問題が、輸出の競合だ。例えばジャギュアは、開発国である英仏以外ではインド、ナイジェリア、オマーン、エクアドルの4カ国に輸出され、インドではライセンス生産も行われた。ところが英仏共同開発にも拘わらず、輸出を推進したのは英国だった。フランスは同時期に単独で開発したミラージュF1の輸出に熱心で、ジャギュアは競合機種となるためだ。結果的にジャギュアの輸出が4カ国94機であったのに対し、ミラージュF1は10カ国に470機近くが輸出されている。

開発時点では手を組んでいても、いざ商売となると我田引水となる。

顕在化した武器供給網の課題

第1章で触れたように、2023年3月、EUはウクライナに対し1年間で100万発の155㎜砲弾を支援することを決定した。

＊4　このエンジンは、後に日本（三菱重工）が開発したT－2練習機・F－1戦闘機にも搭載された。

ＥＵの軍隊も、平時とはいえ訓練で砲弾を消費する。ロシアの脅威が顕在化した現在では、軍隊の練度向上は急務だ。それでも危機の只中にあるウクライナへの支援が優先された。

しかしここに来て、ＥＵ域内での砲弾生産力が問題として持ち上がった。１００万発を支援するといっても、ＥＵの１５５㎜砲弾生産能力は、ウクライナ侵攻が始まった時点では年間60万発程度であった。足りない分は在庫から回すとしても、欧州各国も訓練は必要であるし、ロシアの脅威が高まっている中では、むしろ在庫を増やしたいぐらいだろう。

ＥＵは２０２４年末までに砲弾の年間生産能力を１４０万発に、さらに２０２５年末までにはそれを２００万発とする計画を表明している。

ただしロシアは２０２４年には、年間３００万発の砲弾生産力を有していたと見られている。またウクライナ軍の前線指揮官は、２０２４年に入ってからはロシア軍に比べると1割強の砲弾しか供給されていないとこぼしていた。これがウクライナという鏡に映された、ＥＵの防衛産業・武器弾薬の供給網の実態である。

「欧州防衛産業戦略」は何を目指すか

そのような状況において、ＥＵも防衛産業基盤を強化する必要性を改めて認識し、２０２４年3月5日に「欧州防衛産業戦略」を発表した。[*5]

そこでの危機感は、「防衛産業の空洞化」とでも形容できるものだ。米国からの強い働き掛けもあり、ＥＵ各国はＧＤＰの２％水準の国防支出の達成を目標としている。その中でロシアによるウクライナ侵攻が起きたので、ＥＵ各国はそれまでにも増して防衛力の強化に乗り出した。しかしウクライナ侵攻以降、２０２３年６月までの1年４カ月の間に、ＥＵ加盟国が調達した防衛装備品の78％はＥＵ域外から輸入したものであり、米国からの輸入だけでも63％に達した。何のことはない、ＥＵが国防費を増やしても潤うのは米国の防衛産業という構図ができ上がっている。

それと同時に、ＥＵの防衛装備品市場が加盟国ごとに細分化されている点を指摘している。もちろん各国も、そんなことはよく分かっている。それでも「国際共同開発」の参加国にしてみると、各国での防衛産業育成策と切り離すことはできない。

少しでも多くの作業分担を確保し、自国製部品の採用を働きかけるのは人情だ。先にも述べたように、国際共同開発の行き先は我田引水であり、ここでも総論賛成・各論反対は避けられない。

「欧州防衛産業戦略」では、２０３０年までに域内で調達する防衛装備品の４割以上を国際共同開発にするという数値目標を掲げている。注目すべきは、この数値目標と並行して「過剰な

＊５　High Representative of the Union for Foreign Affairs and Security Policy, European Commission, "A new European Defence Industrial Strategy : Achieving EU readiness through a responsive and resilient European Defence Industry" (March, 2024).

独自の運用要求」を諫《いさ》めていることだ。

国際共同開発に際して、各国が産業保護の観点から自己主張を譲らないことが障害になっていることは、何度となく指摘されてきた。ただし防衛装備品である以上、軍の「運用要求」は「聖域」だった。

この「過剰な独自の運用要求」のため、せっかく共同開発しても各国ごとに細部が異なってくる。これは開発費高騰の原因となるうえに、部品互換性などの相互運用性にも支障が生じる。軍にとっての聖域である「運用要求」にも自粛を求めざるを得ないほどまでに、ＥＵは防衛産業基盤維持の困難に直面している。

米国の「国家防衛産業戦略」でも、「過度な要求仕様の抑制」を求めていた。各国の財政・防衛産業事情は「背に腹はかえられない」ところまで来ているので、軍も「弘法筆を選ばず」でいけということだ。

こうした中で「欧州防衛産業戦略」では、防衛関連の中小・中堅企業育成を重要項目として取り上げている。防衛装備品の供給網（サプライチェーン）維持において中小・中堅企業は重要な構成要素であること、さらには中小・中堅企業にはスタートアップとして革新的な技術開発が期待されることなどが主な要因だ[*6]。

BAEシステムズ（英）

多国籍から無国籍へ

売上高　：303・5億ドル（うち防衛関連298・1億ドル：98％）
従業員数：10万人
事業分野：航空機、艦艇、戦闘車両、火砲

歴史好きの人は、戊辰戦争でのアームストロング砲の活躍について聞いたことがあるだろう。19世紀半ばのアームストロング砲は、軽量・後装（後ろから弾を込める）・施条（砲身内がライフリングされている）といった技術を採用した最新武器だった。このため官軍はもとより、佐幕藩もアームストロング砲を配備した。

また日露戦争に向けて日本海軍は戦艦6隻を揃えたが、そのうち「八島」「初瀬」はアームストロング、「三笠」はヴィッカースの造船所でそれぞれ建造された。

＊6　EUの「欧州防衛産業戦略」については、清岡克吉「「欧州防衛産業戦略」を読み解く」『NIDSコメンタリー』第326号（2024年5月）も参照のこと。

このように明治期の日本の軍備は、アームストロングやヴィッカースに大きく依存していた。かつて英国はもとより、世界の武器市場を支配していた両社は、合併や国有化を経て現在はＢＡＥシステムズとなっている。

戊辰戦争では官軍・佐幕藩の双方で、エンフィールド銃も広く使われている。この製造元で、ロンドン北端エンフィールドの地にあった小火器造兵廠は、１９８０年代に民営化された後、１９８８年にはブリティッシュ・エアロスペース（現・ＢＡＥシステムズ）が吸収合併した。

第２次大戦で活躍したハリケーン戦闘機を開発・生産したホーカーや、スピットファイア戦闘機を製造したスーパーマリン、ランカスター爆撃機を生んだアブロなどの航空機メーカーも、最終的に吸収合併を通じてＢＡＥシステムズに統合された。

ここに民間企業の枠を超えた、英国防衛産業の生き残り戦略を見ることができる。防衛関連を少数分散させることなく集約する。このため防衛関連の売上比率は98％と、世界の大手防衛関連企業の中でも飛び抜けて高い。

同時に兼業していた民生事業は、切り離して売却する。さらに英軍からだけの注文では事業存続が厳しいので、果敢に海外市場開拓に挑戦する。こうして１９９９年11月に設立された欧州最大の防衛関連企業ＢＡＥシステムズは、生き残りを図るだけでなく業容も拡大を続けている。

ＢＡＥシステムズの北米子会社は、米国での事業における機密保持を担保するため、英国の

ホーク練習機・攻撃機

出所：Adrian Pingstone

親会社とは別に独自の秘密保護指針を適用している。
また戦闘車両関連子会社のBAEシステムズ・ランド・アンド・アーマメンツは米国に本社を置くなど、「英国企業」の枠に収まっていない。同社は2000年に買収した米国企業を核としており、もともとスウェーデン企業であったボフォースの重火器部門を含んでいる。

そして日英伊3カ国共同による次期戦闘機開発を皮切りに、BAEシステムズは日本市場へのこれまで以上の参入を目指して、2022年1月に日本法人（BAEシステムズ・ジャパン）を設立した。

〔主な防衛装備品〕

・**ホーク練習機・攻撃機**：最大速度マッハ0・84、戦闘行動半径600km

1974年に初飛行した後、改良を続けて半世紀を経た現在も生産が続いている。航空自衛隊が運用するT－4練習機に相当する。英国を含む18カ国が採用し、これまでに1000機以上が生産されるなど、この種

クイーン・エリザベス級航空母艦

出所：Dave Jenkins

のベストセラー機だ。練習機型と攻撃機型が生産されているが、練習機型も限定的な武装が可能で、有事には攻撃機としても用いられる。

ホークは陸上機であるが、米国ではマクドネル・ダグラス（現・ボーイング）が米海軍向けに艦上機として大幅な改設計を実施し、T－45ゴスホーク練習機としてライセンス生産を行っている。ホークは単独開発だったことが幸いし、開発・営業ともに順調だった。

・クイーン・エリザベス級航空母艦：満載排水量6万8000トン、搭載機48機

スキージャンプ式の発艦甲板を備えた、インヴィンシブル級軽空母の後継空母として建造された。満載排水量は7万トン近くと英国海軍史上最大の艦艇である。満載排水量はインヴィンシブル級（同2万トン）の3倍を超えるが、自動化が進められて乗員数はほぼ同じに収まっている。米国海軍の原子力空母「ジェラルド・R・フォード」との比較では3分の1以下だ。

アスチュート級攻撃型原子力潜水艦

出所：LA（Phot）Paul Halliwell

本級空母はブロック化されて複数個所で建造されており、その多くをBAEシステムズ系列の企業が担当したが、最終組み立ては別企業が行っている。

2006年にフランスとの間で空母の共同開発で合意したが、2013年に共同開発計画は中止となった。フランスは原子力推進を主張したが、英国はコスト高を理由に反対したことなどが主な理由だった。ここにも国際共同開発の難しさが現れている。

・アスチュート級攻撃型原子力潜水艦：満載排水量7400トン

英国海軍の配備する、最新型の攻撃型原子力潜水艦。本級潜水艦の建造を始めたのは、英国で唯一潜水艦の建造が可能なGECマルコーニで、同社は1999年にBAEシステムズに買収された。アスチュート級潜水艦は真水や酸素の生成装置を備えており動力も原子力なので、行動を制約するのは乗員の食糧と彼らの忍耐力だけとなっている。

ところが建造費削減手段として導入された新型設計ソフトウェアの運用などに手間取り、当初見積もりから6割近い価格の上昇と建造遅延を招いている。なお一番艦「アスチュート」の進水式では、カミラ・コンウォール侯爵夫人（現・王妃）が支綱《しこう》切断を行っている。

・チャレンジャー2戦車：主砲120㎜施条（ライフル）砲、最高速度時速59㎞

1994年から配備が始まった英国陸軍の主力戦車。実戦では、イラク戦争（2003年）に投入されている。英国以外ではオマーンが輸入し、2022年2月にロシアの侵攻を受けたウクライナにも十数両が供与されている。

ちなみに陸上自衛隊を含む西側主力戦車の主砲が120㎜滑腔砲であるのに対し、チャレンジャー2のそれは施条砲のため弾薬に互換性はない。

・M-777榴弾砲：口径155㎜、最大射程24～40㎞（弾丸の種類による）

米国陸軍の他、カナダ、オーストラリア、インドで採用された牽引式の155㎜野戦榴弾砲。欧州や日本で採用されているFH-70や、米国が導入していたM-198に比べると、4割近く軽量であることが最大の特徴である。このためFH-70やM-198では不可能だった、中型ヘリコプターやV-22オスプレイによる吊り下げ空輸が可能となっている。

M-777もロシアの侵攻を受けたウクライナ向けに、米国やカナダ、オーストラリアが合計約150門を供与している。

ロールス・ロイス（英）

エンジンの巨人

売上高　：191・2億ドル（うち防衛関連62・9億ドル：33％）
従業員数：4万人
事業分野：航空機・艦艇用エンジン（ジェットエンジン、ガスタービン）

「ロールス・ロイス」と聞くと、高級自動車を思い浮かべる人が多いのではないか。SFテレビ人形劇「サンダーバード」では、ロンドン駐在諜報員レディ・ペネロープの愛車がロールス・ロイス製という設定だ。航空機用エンジンと高級車の2本立てだったロールス・ロイスは1973年に両者を分離した。現在では自動車のロールス・ロイス商標は、ドイツの自動車メーカーBMWの傘下となっている。

ただ防衛関連企業としてのロールス・ロイスは航空機用エンジン部門の方で、この分野では絶大な実績を誇っている。中でも第2次大戦時に開発・製造したマーリン・エンジンは、BAEシステムズのところで触れたハリケーンやスピットファイアといった戦闘機に装備され、ドイツ空軍の空襲から英国本土を守った。この他にも、ランカスター爆撃機やモスキート偵察爆撃機などの名機は軒並みロールス・ロイスのマーリンを搭載していた。

また第2次大戦では最高の戦闘機と評される米国のP－51ムスタングは、当初米国ゼネラルモーターズ系のアリソン製エンジンを積んでおり精彩を欠いていた。しかしエンジンをロールス・ロイスのマーリンに変えた途端に傑作機となった。そのアリソンは1994年にロールス・ロイスに買収されている。

航空機用エンジンメーカーとしてのロールス・ロイスの地位は、ジェットエンジンの時代になっても揺るがない。英国初のジェット戦闘機となったミーティアにエンジンを提供し、英仏共同開発の超音速旅客機コンコルドのオリンパス・エンジンもロールス・ロイスとフランスのスネクマが共同で開発した。オリンパス系統のエンジンを基に船舶用のガスタービン（ジェットエンジンでスクリューを回す仕組み）も開発され、日本では海上自衛隊のはつゆき型護衛艦・はたかぜ型護衛艦などが搭載した。

そのロールス・ロイスも決して順風満帆だったわけではなく、1971年には新型エンジン開発でつまずいて倒産し国有化された（第2章）。これはサッチャー政権下の1987年に民営化されるまで続く。

ジェットエンジンやガスタービンは民生用にも生産されていることから、ロールス・ロイスの売上高全体に占める軍需の比率は30％強と低い値に留まっている。ちなみに日本が戦後開発した唯一の旅客機YS－11やV－22オスプレイも、ロールス・ロイス製のターボプロップ・エンジン（ピストンではなくジェットエンジンでプロペラを回す仕組み）を採用している。ロールス・ロイスは、最近ではエンジンの製造だけではなく、保守・点検事業にも力を入れている。「エンジンのサブスク」でも稼ぐといった感じだ。

〔主な防衛装備品〕

・**戦闘機用ジェットエンジン**

英国では、1950年代にイングリッシュ・エレクトリック（現・BAEシステムズ）が開発したライトニングを最後に、戦闘機の単独開発は行っていない。その後はジャギュア（攻撃機：英仏）、トーネード（英独伊）、ユーロファイター（英独伊西）、次期戦闘機（日英伊）と国際共同が主流となり、それに搭載されるエンジンも国際共同開発となっている。

日英伊3カ国共同開発となる次期戦闘機では、英国からは機体メーカーとしてBAEシステムズが関わり、エンジンについては英国からはロールス・ロイスがすべてに関与している。

もともとジャギュア用に英仏で共同開発されたアドーア・エンジンは、英国のホーク練習機・攻撃機や、日本が開発したT－2練習機・F－1戦闘機にも採用された。

・**原子力潜水艦用原子炉**

英国海軍は、1960年代から攻撃用や弾道ミサイル搭載型の原子力潜水艦の配備を進めているが、これら原潜で用いられる原子炉は、すべてロールス・ロイスが製造している。ただし当初は米国から技術面での支援があり、徐々に独自開発の力を付けてきた。

艦艇用の原子炉は、地上で稼働する発電用原子炉に比べると小型である。ロールス・ロイスは現在、この経験を生かして小型モジュール原発の開発を進めている。

ダッソー・アビアシオン（仏）

優雅に我が道を行く

売上高　：51・9億ドル（うち防衛関連32・2億ドル：62％）
従業員数：1・4万人
事業分野：航空機

ダッソー・アビアシオンはフランスの複合企業集団ダッソー・グループの1社で、同グループの中では最大手の企業でもある。ちなみにグループ傘下企業にはシステム開発の企業（ダッソー・システムズ）もあれば、新聞・雑誌を発行するフィガロの他、不動産事業やワイン農園なども含んでいる。いかにもフランスらしい、優雅さを感じさせる企業グループだ。

会社の起源は、マルセル・ダッソーが１９２９年に設立した航空機製造会社だ。彼はユダヤ系であったことから、第2次大戦中では連合軍によって解放されるまで強制収容所で監禁されていた。

戦後はマルセル・ダッソーの社名でいち早くジェット戦闘機の開発に乗り出し、１９４０年代に開発したウラーガン戦闘機、50年代のミステール戦闘機はフランス空軍が採用しただけでなく、インドやイスラエルへの輸出にも成功し、初期の中東戦争でも活躍している。

続いてマルセル・ダッソーは、デルタ翼が特徴のミラージュⅢ戦闘機を開発した。これは米国のF－104やソ連のMig－21と肩を並べる、マッハ2級の戦闘機として生産機数が約1500機、改修型のミラージュ5が約500機、イスラエルによる派生型機の生産が約300機というベストセラーとなった。輸出先にはイスラエルの他にアラブ諸国も含まれ、第1次石油ショックを引き起こした第4次中東戦争（1973年）では、双方がミラージュ戦闘機で戦っている。

マルセル・ダッソーは、1971年にアトランティック対潜哨戒機の製造会社であったブレゲーを買収して、社名もダッソー・ブレゲーとなった。1990年に現社名のダッソー・アビアシオンとしている。

〔主な防衛装備品〕

・ラファール戦闘機：最大速度マッハ1・8、戦闘行動半径1700km

フランスが国際共同による戦闘機開発計画から離脱して開発した多用途戦闘機。フランスは当時、空軍向けの主力戦闘機の他に、海軍が運用していた艦載機（F－8戦闘機とシュペル・エタンダール攻撃機）の更新も考えていた。このため軽量の多用途戦闘機を構想していたが、英国は航続距離の長い要撃任務主体の多用途機開発を主眼に置いていた。

ラファール戦闘機

出所：Tim Felce (Airwolfhound)

こうしてフランスは独自にラファール戦闘機を開発した。ミラージュ以来の伝統を受け継いで堅実な戦闘機となっているが、フランス製エンジンを搭載していることで出力がやや不足気味なところもミラージュ譲りだ。ただし先に述べたように実戦配備はユーロファイターよりも早く、輸出実績も上回っている。タイフーン（台風を意味するユーロファイターの愛称）から分かれ出たラファール（疾風の意味）だったが、「青は藍より出でて藍より青し」となった。

ラインメタル（独）

戦車砲の名門

売上高　：77・5億ドル（うち防衛関連54・8億ドル：71％）
従業員数：3万人
事業分野：火砲

19世紀末に設立されたラインメタルは、第1次大戦時にはドイツ最大の防衛関連企業となった。第1次大戦後の一時期に軍需品の生産を中断したが、数年後に再開して第2次大戦を迎えた。戦後は同社も東西に分割され、東側の企業は事務機器・バイク用エンジンなどの製造企業となり1992年に清算される。西ドイツ側の企業も民生品製造業として存続したが、1956年の西ドイツの再軍備とともに銃砲・弾薬などの軍需品生産を再開した。

1965年に開発した120㎜滑腔戦車砲は、改良を重ねながら西側の標準戦車砲としての地位を確立、日本の90式戦車にも採用され日本製鋼所がライセンス生産している。

1999年にはスイス企業のエリコンから防衛部門を買収した。エリコンは機関銃の伝統企業であり、日本でも零式艦上戦闘機などに採用された海軍の20㎜機関銃はエリコン製機関銃をライセンス生産したものだ。同じ日本でも陸軍はドイツから輸入したマウザー20㎜機関砲や、米国ブローニング製12・7㎜機銃を20㎜に拡大開発したものを使用した。こんなところにも旧陸海軍の確執があった。

陸上自衛隊はエリコン製35㎜高射機関砲を高射部隊の装備として採用し、87式自走高射機関砲や89式装甲戦闘車も同機関砲を搭載した。

２０２２年２月に始まったロシアによるウクライナ侵攻を受け、ラインメタルは２０２３年10月からウクライナとの合弁企業による戦闘車両の生産をウクライナで始めることを発表した。加えて弾薬の生産増加にも着手した。

〔主な防衛装備品〕

・１２０㎜滑腔戦車砲

ＢＡＥシステムズのところで述べた、１２０㎜施条砲を搭載するチャレンジャー２以外の西側戦車の標準装備となっている。当初の口径（この場合の口径は砲身長を砲口内径で割った値）は44で、日本の90式戦車もそれを採用している。フランスや韓国は独自に１２０㎜滑腔戦車砲を開発し、日本でも10式戦車は国産の滑腔戦車砲を搭載しているが、弾薬は共通化されている。

なおラインメタルでは55口径の戦車砲も開発しており、ドイツのレオパルト２戦車の新型や英国のチャレンジャー３（チャレンジャー２の後継戦車）に採用される。一般に口径値が大きいと重くなり機動性では不利だが、射程は延びて貫徹力も増す。弾薬は44口径戦車砲と同じものが利用可能であり、英国も他の西側諸国と戦車用弾薬の共通化が図られることになる。

レオナルド（伊）

「紅の豚」から次期戦闘機へ

売上高　：165・2億ドル（うち防衛関連123・9億ドル：75％）
従業員数：5・4万人
事業分野：航空機、火砲、システム

ルネサンスを代表する芸術家であり万能の天才でもあったレオナルド・ダ・ヴィンチは、小国が相争うルネサンス期イタリアで軍事技術者としても活動し、時にフィレンツェの外交官で政治思想家でもあったニッコロ・マキャベリとも一緒に仕事をした。

2016年1月にイタリアで関係する会社を合併して生まれた、欧州でも有数の規模を誇る防衛関連企業は、翌年1月に社名をレオナルド・ダ・ヴィンチに因んで「レオナルド」に改めた。何やらBAEシステムズを彷彿させる防衛関連企業の大合同だが、イタリアで海軍艦艇建造を担っている造船会社はレオナルドの傘下に入っていない。

レオナルドの源流には、火砲製造と航空機製造の2つがある。前者を立ち上げたのはヴィッカース・テルニで、1905年に英国のヴィッカースとイタリアのテルニ製鉄や造船会社との合弁で設立された。後者はニューポール・マッキに始まり、イタリアの起業家でエンジニアでもあったジュリオ・マッキが、フランスの航空機メーカーであるニューポールとの合弁で1912年に創業した。

ニューポール・マッキはアエルマッキに改名した1920年代に、航空機の速度記録を次々と塗り替えていった。宮崎駿監督の映画「紅の豚」（1992年）の主人公ポルコ・ロッソの乗機は、その頃のアエルマッキ飛行艇がモデルとなっている。

この時代、速度記録でのアエルマッキの好敵手は英国のスーパーマリンで、第2次大戦ではスピットファイアを開発・生産した。スーパーマリンは現在のBAEシステムズだ。1世紀前に速度記録で熾烈に争った両社は、トーネード、ユーロファイターに続いて次期戦闘機開発でも手を組むことになる。

第2次大戦後には、アエルマッキはMB－326練習機・攻撃機を開発する。同機は10カ国以上に輸出され生産機数は約800機、ブラジルや南アフリカではライセンス生産も行われた。その後も同社は練習機・攻撃機や小型軍用輸送機の開発・生産を行い、トーネードやユーロファイターなどの国際共同開発にも参画している。

先に紹介したG・91攻撃機を開発・生産したフィアットの航空機部門は、合併でアエリタリアと社名を変更した1960～70年代には、F－104のイタリア空軍向けライセンス生産などを行っていた。２０１２年1月にアエルマッキと合併し、その3年後にはフィンメッカニカ（現・レオナルド）に統合される。

火砲製造業だったヴィッカース・テルニは、戦後はオート・メララに社名を変更してトラクターなどの民生品を生産するなど、武器の開発・製造からは離れていた。ＮＡＴＯ発足（１９４９年）後に防衛部門の生産を再開し、２０１６年にフィンメッカニカに吸収された（２０１７年にレオナルドへ改称）。

なおレオナルドは株式会社であるが、イタリア政府が発行済株式の3割を所有するなど、政府の関与が強い。

〔主な防衛装備品〕

・**76㎜速射砲**：口径76㎜、最大射程16㎞

レオナルドの2つの源流の内、火砲製造業の伝統に基づいている。小型軽量でありながら高性能の艦載砲として、西側の標準装備となった。砲塔は完全無人化されており、最新型では１分間に１２０発の発射能力を有する。海上自衛隊でも１９７９年から、それまでの米国製3インチ砲（76㎜）に替えて導入している。海軍だけでなく、海上保安組織（沿岸警備隊、水上警察など）の巡視船にも広く搭載されている。

本装備はミャンマー海軍も採用し、イランの海軍艦艇には違法コピーが搭載されているようだ。そしてレオナルドの76㎜速射砲の技術が、ミャンマーまたはイラン経由で北朝鮮に流れた

AW101ヘリコプター（掃海・輸送機「MCH-101」）

出所：海上自衛隊

と報じられている。

・**AW101ヘリコプター**：最大離陸重量16トン

英国のウエストランドとイタリアのアグスタが共同で開発した大型の汎用ヘリコプター。両社は2000年に合併してアグスタウエストランドとなり、2004年にレオナルドの完全子会社となった。

海上自衛隊では哨戒ヘリコプターは米国製（ロッキード・マーチン傘下のシコルスキー製）およびその改造型であるSH－60を用いているが、掃海（機雷の除去）・輸送用には本機（日本側の呼称はMCH－101）を充てている。また砕氷艦「しらせ」に搭載されて、南極観測の輸送支援にも用いられている（呼称はCH－101）。

サーブ（スウェーデン）

小粒でもピリリと辛い

売上高　：48・5億ドル（うち防衛関連43・6億ドル：90％）
従業員数：2・2万人
事業分野：航空機、艦艇、火砲

1937年に設立されたサーブは、スウェーデンにおいて軍用機を国産することを目的としていた。当時のスウェーデンは海軍艦艇や火砲・弾薬の国産は可能だったが、航空機産業は小規模な企業が数社あったに過ぎなかった。それらによって軍用機は開発・生産されていたが、空軍力構築のためには規模の大きい航空機メーカーを必要としていた。

この後スウェーデンの航空機産業は、機体の開発はサーブ、エンジンは自動車でも有名なボルボという組み合わせで進むことになる。機体は独自開発が多いが、エンジンは米英製のライセンス生産がほとんどだ。

第2次大戦ではスウェーデンは中立国だったため、ボルボは米プラット・アンド・ホイットトニーなどの連合国製だけでなく、独ダイムラー・ベンツ製エンジンのライセンス生産も行いサーブ製軍用機に供給した。

第2次大戦後、サーブは戦闘機メーカーとしての国際市場での地位を確固たるものにする。同社は、米国はもちろん英仏ソといった大国の航空機メーカーほど潤沢な開発資金や人材を投入できなかった。それでもスウェーデンの運用要求に合った戦闘機を開発したのみならず、輸出にも成功するなど国際市場でも高い評価を受けている。また空軍機を多数揃えることも叶わないことから、21世紀には軍用機開発の大きな流れとなった要撃・攻撃・偵察などの任務を1機でこなす多用途戦闘機化が、スウェーデンでは冷戦当初から志向されていた。

冷戦後には、サーブも合併による防衛関連企業として多角化にも乗り出す。２０００年に、かつてアルフレッド・ノーベルが経営に携わったボフォースの親会社である国策防衛関連企業セルシウスを買収して、ミサイル部門を手に入れる。２０１４年にはドイツ企業傘下にあったスウェーデンの造船会社を合併した。この造船会社ではスウェーデン海軍向け艦艇を建造していた。こうしてサーブは陸海空の装備品を開発・生産する企業へと成長を遂げた。

そのサーブは２０２２年2月のロシアによるウクライナ侵攻を受けて、２０２５年までに武器の生産量を4倍にすると報じられている。

〔主な防衛装備品〕

JAS39グリペン戦闘機

出所：Ernst Vikne

・ＪＡＳ39グリペン戦闘機：最高速度マッハ２・０、戦闘行動半径８００㎞

スウェーデンの伝統を受け継ぐ多用途戦闘機で、ユーロファイター、ラファール、日本のＦ－２戦闘機などと同世代に当たる。スウェーデンの運用要求から、山間部に分散されている掩体《えんたい》に収容可能な大きさで、高速道路に所々設けられている８００ｍの直線部分から離着陸できる性能を有している。

有事での運用を念頭に整備性にも優れており、作戦を終えた帰投後も、10分あれば装備・補給を終えて再出撃が可能である。これであれば、ミッドウェー海戦時（１９４２年6月）の日本海軍のように、爆装から雷装への装備転換に手間取ることもない。

スウェーデン以外には5カ国に輸出され、総生産機数は約３００機に達した。

ゴトランド級潜水艦

出所：U.S. Navy

・ゴトランド級潜水艦：満載排水量1500トン

スウェーデン海軍が保有する通常型潜水艦。本級3隻をすべて建造したコックムス造船所は複雑な歩みをたどる。独立系造船所だったコックムスは、1970年代の造船不況時に国策企業のセルシウス傘下に入った。

サーブがセルシウスを買収した2000年に、コックムス造船所はそこから分かれてドイツ企業の系列となる。しかし2014年にサーブが同造船所を買収した。ここら辺りは、欧州各王族の血縁関係並みにややこしい。

ゴトランド級の特徴は、非大気依存推進（AIP）システムであるスターリングエンジンを搭載していることで、速度は5ノットと遅いものの2〜3週間の連続潜水航行が可能である。これと同じコックムス製スターリングエンジンは、海上自衛隊のそうりゅう型潜水艦にも導入されている。

カールグスタフ無反動砲

出所：陸上自衛隊

・**カールグスタフ無反動砲**：口径84㎜、最大射程1000m

個人携帯の多用途無反動砲で、一般によく知られている装備でいうとバズーカ（ロケット発射筒）と同じ系列に当たる。野戦砲は弾丸発射時に反動があるが、無反動砲では弾丸発射時の爆風を後方にも逃して反動を相殺する。このため砲架に据え付ける必要がなく、肩打ちが可能となる。

第2次大戦終戦直後の1946年に開発され、改良を続けて現在も生産されており、米軍をはじめ世界で広く使われている。陸上自衛隊でも、警察予備隊時代から使っていたバズーカの後継装備として導入している。

エアバス（欧州国際共同）

旅客機から軍用機へ

売上高　：707・1億ドル（うち防衛関連128・9億ドル：18％）
従業員数：15万人
事業分野：航空機

ボーイングやマクドネル・ダグラス（現・ボーイング）が旅客機市場を席捲するのに対抗して、1970年に仏・西独の航空機メーカーが共同で中距離用大型旅客機の開発に向けて設立したのがエアバス・インダストリー（現・エアバス）だ。1971年には、これにスペイン企業も資本参加した。

設立直後の同社は、新参者でもあったことから営業面で苦労して赤字が続いたが、仏・西独両政府の支援で何とか乗り切っている。航空機開発のような大事業では目先の事情に右往左往せず、長期的な展望が求められる。たとえ失敗しても、蒔いた種は次に繋がるものだ。

なお日本では、東亜国内航空（現・日本航空）がエアバス初の旅客機A300を運航した。

A400M輸送機

出所：Curimedia

当時の米国は「自国の航空機産業を揺るがすほどの競争相手にはならない」という自信があったのか、民間航空機開発に対する欧州各国政府の支援に対して目くじらを立てなかった。現在であれば、「公正な競争を歪める」といって強く非難するだろう。実際にエアバスの事業が順調となると、米国はエアバスに対する欧州各国政府の支援を批判するようになった。

エアバス・インダストリーは旅客機の開発と販売を行い、製造は欧州各国の航空機メーカーが分担した。2000年7月に仏独西のメーカーが合併してヨーロピアン・エアロノーティック・ディフェンス・アンド・スペース（EADS）を設立、エアバス・インダストリーはその傘下に入った。[*7]

もともと航空機産業は防衛関連産業と深い関わりがある。EADSもその名の通り、防衛部門への進出を

*7　合併してEADSとなった企業は仏がアエロスパシアル・マトラ、独がDASA、西がCASA（第6章を参照）。

視野に入れており、旅客機を改造した空中給油・輸送機、軍用輸送機、軍民両用ヘリコプターと、大きく3つの分野で軍用機の開発・生産を行っている。2017年に「エアバス」へと社名変更した同社は、引き続き軍用機子会社を傘下に持つ傍ら、ユーロファイター戦闘機を製造するユーロファイター合弁会社株式の46％、ラファール戦闘機のメーカーであるダッソー・アビアシオンの株式を10％所有している。

〔主な防衛装備品〕

・**A400M輸送機**：最大積載量37トン、航続距離8700km

軍用輸送機のベストセラーであるロッキードC－130（最大積載量19トン）や、仏・西独が共同開発したC－160（同16トン）の後継輸送機として開発された。最大積載量37トンは従来機の2倍、米軍の主力輸送機C－17の約半分で、航空自衛隊が導入している国産のC－2輸送機とほぼ同等である。

・**EC145（BK117）ヘリコプター**：最大速度260km、航続距離720km

もともと、ドイツのメッサーシュミット・ベルコウ・ブローム（現・エアバス）が川崎重工業と共同開発したBK117の欧州側での呼称。両社は開発と改良は共同で行うが、生産と販売は別個に行っている。

欧州で生産・販売されているEC145には軍用型があり、軽攻撃・輸送・医療搬送などに

EC145（BK117）ヘリコプター

出所：Tim Rademacher

利用されている。軍用型は米陸軍もＵＨ－72として採用しており、在米子会社で生産・納入されている。

2 韓国――武器輸出大国へ

「自主国防」政策と防衛産業の育成

韓国では当初、防衛産業の立ち上げには不利な状況にあった。朝鮮半島では北部で鉱物資源を産出したことから、日本統治時代には中国との国境に当たる鴨緑《おうりょく》江《こう》で東洋一を誇った水豊ダム・水力発電所が建設され、重工業への投資は半島北部に集中していた。このため半島南部では、防衛産業の基盤となる重工業の発展は遅れていた。そして何よりも、朝鮮戦争（１９５０～53年）で国土は徹底的に破壊された。

その後の韓国は、武器の供給は同盟国の米国に大きく依存する。ところが１９６０年代後半の北朝鮮による挑発行為に対して、ベトナム戦争で疲弊した米国は強硬策を採らなかった。これに「失望」した韓国は、朴正煕《パクチョンヒ》政権（１９６３〜79年）の下で「自主国防」を推進し、重工業振興政策と抱き合わせで防衛産業基盤の強化にも乗り出す。

１９８０年代に高度経済成長過程に入った韓国では、鉄鋼・自動車・造船などの産業が発展し、軍用車両・艦艇の開発・生産の基盤を形成することになる。これを支えたのが米国からの技術移転だった。*8 当時の米国は、韓国の軍事力を北朝鮮に対抗するには不十分であると見ており、米国にとっても対韓軍事技術援助は有意義なものと考えられていた。こうして韓国は１９７０〜80年代にかけて、小銃・野戦砲・戦闘車両などの陸上装備を中心に国産化を推進した。

海軍艦艇では長期にわたって米国からの中古艦艇供与に頼っていたが、１９８０年代に主要艦艇としては初めて東海級コルベット（満載排水量１１００トン）を建造する。これは韓国の造船業が、それまで世界の造船市場の約半分を押さえていた日本を急速に追い上げた時期に当たる。

東海級の拡大型として24隻と大量に整備されたのが浦項級コルベット（同１２００トン）で、２０１０年3月26日に北朝鮮の魚雷攻撃で撃沈された「天安」も同級に属する。現在では駆逐艦や強襲揚陸艦、潜水艦も含めて海軍艦艇はほぼすべてが国産だ。

陸上・海上装備の国産化進展に比べると、韓国では航空装備の国産化は遅かった。韓国がF－5戦闘機のライセンス国産を始めたのは1980年代初めだった。1990年代に入るとF－16戦闘機のライセンス生産も始まり、産業としての力を着実に付けていった。F－16のライセンス生産時に米国のジェネラル・ダイナミックス（現・ロッキード・マーチン）から技術支援を受けており、それを基に超音速練習機・攻撃機T－50の開発を行った。なお韓国初の国産戦車K1の開発ではクライスラーの技術支援を受けたが、後にクライスラーは防衛関連事業をジェネラル・ダイナミックスに売却している。韓国の防衛産業の立ち上がりは、ジェネラル・ダイナミックスが深く関わる形となった。

武器輸出市場開拓の成功

韓国では1975年から武器を輸出していたが、冷戦後には国内市場だけでは供給を満たすのは不十分であるとして、武器の輸出を積極的に行うようになった。初めから国内市場は狭隘《きょうあい》であることを前提に、海外市場も視野に入れた産業育成戦略を採っており、K－POPや韓流ドラマと似た事業展開ともいえる。

2000年代に入ると、武器の調達や防衛産業育成を一元的に行う防衛事業庁が国防部内に

＊8　伊藤弘太郎『韓国の国防政策――「強軍化」を支える防衛産業と国防外交』（勁草書房、2023年）。

設立され（2006年）、2008年に政権の座についた李明博《イミョンバク》大統領は自ら「トップ・セールス外交」として韓国製武器の売り込みを行った。さすが財閥系企業（現代建設）の社長だっただけのことはある。そしてこれらの活動を、各国大使館にいる駐在武官や大韓貿易投資振興公社（KOTRA）が支える仕組みができ上がっていった。

ただトップ・セールスは韓国だけの話ではない。1960年代に米国のケネディ大統領は鶏肉の対仏輸出増を要求したことから「鶏肉のセールスマン」とフランスで揶揄され、日本の池田勇人首相も訪仏時にはフランスのマスコミから「トランジスタのセールスマン」と呼ばれた。

韓国製武器の主な顧客は、伝統的に中東と東南アジア諸国だ。これら地域の国防支出は大きな伸びを示している。韓国の武器輸出は、中東や東南アジアでの国防支出増大の波にうまく乗った。近年では、中東・東南アジア以外への販路拡大にも注力している。もちろん韓国はNATO規格で武器を開発・整備しているので、NATO諸国やNATO規格を採用している西側諸国にとって、韓国製武器は補給・整備面での障害はない。

韓国は伝統的に陸軍国であったこともあり、海外市場で強みを発揮してきたのは軍用車両や火器などの陸上装備だった。最近の輸出成功例に、ハンファ・エアロスペースが製造するK9自走砲がある。韓国以外にオーストラリア、ノルウェー、フィンランドを含む世界8カ国が採用している。徹底して輸出先の要望に応じて、きめの細かい改修をしていることが、この成功の背景にあると言われている。この数年間、K9は世界でもっとも輸出されている自走砲となっている。

技術力の向上に加え、韓国製武器の性能が市場で認知されてきたこともあり、戦闘機や艦艇なども輸出競争力を発揮している。これに2022年2月に始まった、ロシアによるウクライナ侵攻が拍車をかけた。ロシアの侵攻をきっかけに欧州では国防力強化への機運が生じたが、ウクライナへの武器供与もあり、武器に対する需要が一気に高まった。それは、戦闘車両や火砲などの耐久的な装備品だけではなく弾薬などの消耗品にも及んだが、これに韓国の防衛産業が応えた。

また韓国では新造品だけでなく、中古武器の無償供与も積極的に行っている。先に挙げた東海級コルベットは退役後に1隻がコロンビアに譲渡され、次級の浦項級も退役後には多くがペルー、エジプト、フィリピン、ベトナムなどに無償で提供されている。

韓国航空宇宙産業（KAI）

災い転じて福となす

売上高　：29・1億ドル（うち防衛関連22・9億ドル：79％）
従業員数：5000人
事業分野：航空機

もともと韓国の航空宇宙産業は、造船を主力とする財閥系重工業メーカーの一部門として存続していた。この事情は日本とよく似ている。ただし1997年のアジア通貨危機で財閥系企業が軒並み事業不振に陥った。このため現代、サムスン、大宇の航空機部門は政府主導で合併され、1999年10月に韓国航空宇宙産業（KAI）が設立された。

KAIの前身社の1つであるサムスン航空工業は、韓国空軍向けにKF－16戦闘機（韓国空軍仕様のF－16）をライセンス生産していた。ちなみにF－5のライセンス生産は大韓航空の製造部門が行った。KAIは設立直後から韓国初の国産航空機となるKT－1練習機（ターボプロップの初等練習機）の開発を手掛けた。ゲリラ対策用の軽攻撃機型も開発され、練習機型と併せて輸出にも成功している。

その後は軍用機、軍用ヘリコプターの開発・生産を行うと同時に、ボーイングやエアバスなどの欧米大手メーカーから民間航空機の分担生産を請け負っている。

最近では新型戦闘機KF－21を開発し量産準備を進めているが、これはユーロファイターやラファール、JAS39グリペン、日本のF－2戦闘機などと同世代に当たる。KAIは短期間のうちに、これだけの機体を開発できる技術力を身に付けた。

KAIは、通貨危機の際に財閥系企業救済策として政府主導で設立された経緯もあり、現在でも筆頭株主は韓国輸出入銀行（保有比率26％強）、2番目は国家年金機構（同9％強）と、資本金の3分の1以上を政府系機関が保有している。

正に「災い（通貨危機）転じて福」となったKAIであるが、競争力を身に付けると欧米からは「株式保有の形で政府の支援があり公正な競争を歪めている」と非難される可能性は捨て切れない。欧米が時折主張する「公正な競争」の定義は、かなり独善的である。

〔主な防衛装備品〕

・T－50練習機：最高速度マッハ1・5、戦闘行動半径400km

韓国初の国産ジェット機で練習機として開発された。航空自衛隊のT－4練習機に相当する機種だが、T－50は超音速飛行が可能である（T－4は亜音速飛行のみ）。ジェネラル・ダイナミックス（後にロッキード・マーチンに売却）の技術支援により開発されたこともあり、平

T-50練習機

出所：Korea Aerospace Industries

面図にはF－16戦闘機の影響が見られる。この点は、世界的なベストセラー戦闘機であるF－16のパイロット養成に向けた練習機としてT－50の優位性に繋がる。ちなみにT－50の国産化率は59％と見られている。

英国のホーク練習機のように、この種の軍用練習機ではよくあることだが、小規模な改造を施した軽攻撃機型も開発されている。高性能を追及したことから高価な機体となったが、東南アジア（インドネシア、フィリピン、タイ、マレーシア）や中東（イラク）に輸出され、2022年にはポーランドも本機の導入を決定した。もっとも米国の技術支援を受け、英国製部品も採用していることから、輸出に際しては両国の許可が必要となっている。実際にウズベキスタンやアルゼンチンへの輸出には、それぞれ米国や英国（フォークランド諸島の領有を巡ってアルゼンチンと係争中）が反対して実現しなかったと報じられている。

韓国では、空軍アクロバット・チーム「ブラック・イーグルス」の使用機ともなっている。

現代ロテム

売上高　：27・5億ドル（うち防衛関連12・1億ドル：44％）
従業員数：4000人
事業分野：戦闘車両

鉄道車両から戦車の名門へ

KAIと同様、現代ロテムもアジア通貨危機の結果生まれた企業だ。財閥系（現代、韓進、大宇）の鉄道車両部門が合併して、1999年7月に設立された。

合併前企業の1つである現代自動車系列の現代精工は、1980年代に米国から輸入したM48戦車の近代化改修を受注した。これと並行して韓国陸軍は米国クライスラーの技術支援を受けて国産戦車の開発・生産を計画し、現代精工が担当に指定された。現代ロテムの戦闘車両製造部門は、このような実績を有していた。

ただし現代ロテムの主力事業は鉄道車両製造で、アジア・米国・欧州だけでなく、オセアニアや中南米にも輸出している。このため防衛部門の売り上げ比率は44％と比較的小さい。もっとも近年は、この値は上昇傾向にある。

現代ロテムが戦闘車両で大きな実績を築くことになったK1戦車は、クライスラーの支援を受けたことから外見は同社製の米国戦車M1に似ている。K1戦車は当初、当時の西側諸国の標準戦車砲だった105㎜施条砲を搭載していた。

ところが1990年代に、北朝鮮が125㎜滑腔砲を搭載するT－72をロシアから輸入またはライセンス生産しているという情報が入った。これに対抗するために、現代ロテムでは新しく西側標準となった120㎜滑腔砲を搭載した改良型を開発・生産した。改良型では射撃管制システムも新型に改められている。しかしもともと120㎜砲の搭載を想定していない車体だったため、機動力や居住性を損なったといわれている。

〔主な防衛装備品〕

・**K2戦車**：主砲120㎜滑腔砲、最高速度時速70㎞

K1戦車の後継として開発・生産されている新型主力戦車。陸上自衛隊の10式戦車と同世代の戦車だ。試作段階ではK2の国産化率は77％程度だったが、量産時点では98％となっている。

砲弾には敵の装甲貫通を目的とする徹甲弾、爆発で打撃を与える榴弾などの他、ミリ波センサや赤外線センサを搭載して装甲の薄い敵戦車の上部を攻撃する高性能砲弾の運用も可能だ。防御についても新型装甲は交換修理が容易なモジュール型が採用され、データリンク端末を搭

K2戦車

出所：Simta

載するなど戦術情報処理にも優れている。

現時点で韓国以外では、ポーランドが自国向けに改修したK２戦車１０００両の採用を決めた（陸上自衛隊の戦車保有数は３００両）[*9]。ポーランドはこの他にも、K９自走砲やFA－50攻撃機（T－50の攻撃機型）などの韓国製武器の導入を決めている。

＊9　2024年3月末現在（防衛省編『令和6年版 防衛白書』資料編）。

The Geopolitics of the Defense Industry

第4章

世界の防衛産業（Ⅲ）：ロシア・中国・その他

冷戦終結で軍事的対立が緩和に向かったことにより、西側では政府が関与する形での防衛産業の集約が進んだ。これは市場規模の縮小と、経費増大・技術進展という「カネと技術の壁」が厚くなったことに対する、資本主義的な合理的回答だったと言える。

しかし中国や旧ソ連・ロシアでも同じことが起こった。資本主義も社会主義もない。「カネと技術の壁」は、イデオロギーとは無関係に防衛産業に改革を迫った。ただ中国やロシアでは、防衛産業の再編に向けた政府の強い介入が見られる。

また新興勢力ともいえるイスラエル、インド、トルコでは、ＩＴや無人機といった技術を活用した企業の台頭が観察される。

1

ロシア――「武骨さ」の伝統

武骨な武器の強み

ロシアの防衛産業には、ソ連時代に確立したある種の軍産複合体の影が色濃く残っている。そしてソ連時代の防衛産業は、社会主義経済の理論に合致したものだった。

社会主義経済では、工業は消費財工業（主に軽工業）と生産財工業（主に重工業）に分けて考える。消費財工業を立ち上げるには工場などの「生産財」が必要だ。このため社会主義経済では生産財（＝重工業）の生産が優先される。

このような考え方は、「軽工業は労働集約的であり技術面や資金面で重工業に比べると後進国にとっては取り組みやすい」という観点を欠いている。それはともかく、社会主義経済のソ連では米国・西欧に比べて産業の発展が後進段階であったにも拘わらず重工業が推進された。

これまで見てきたように、防衛産業は火器・車両・艦艇・航空機・弾薬などを生産する「重工業」が主体である。社会主義計画経済の下での重工業推進は、そのまま防衛産業の計画的推進となった。

そうはいっても技術面では米国・西欧にはかなわない。この「質」の差は、ソ連では「量」で埋めることになった。第2次大戦でナチス・ドイツに攻め込まれたソ連は、野戦砲や戦車、そし航空機にしても、とにかく大量生産に徹した。[*1]

ソ連製の武器は、一言でいうと「武骨」だった。多少性能は落ちるが構造が簡単で、荒っぽい使い方をしても壊れにくい。過酷な戦場では整備や修理もままならないので、「壊れにくい」武器は重宝される。また単純な構造であれば、徴兵動員された経験の浅い兵士にとっても使いやすい。

＊1　小野圭司『戦争と経済――舞台裏から読み解く戦いの歴史』（日経ＢＰ日本経済新聞出版、２０２４年）第6章。

この典型が、第2次大戦直後にミハイル・カラシニコフが開発したAK−47自動小銃だ。部品点数が少ないので故障しにくく、過酷な環境でも性能を発揮する。このため正規のライセンス生産から違法コピー・模造品まで含めて、世界中で7000万挺以上が流通していると見られている。[*2] むしろ違法コピーの方が多いぐらいで、カラシニコフは莫大な金額のライセンス料を取り損なっている。

ついでに言うと、ソ連製の軍用機・艦艇・戦闘車両は武骨であると同時に機能美にも欠ける感じがしないでもない。イタリア製やフランス製の装備品に見られる、アニメの題材にもなるに相応しい粋で洗練された機能美とは無縁だ。ただソ連製は「武骨で野暮ったい」と軽く見ていると、とんでもないしっぺ返しに遭う。

ソ連崩壊から不死鳥の如く

1991年12月にソ連が崩壊すると、ロシアの防衛産業は大きな試練に直面する。「軍隊の縮小」と「ソ連邦構成国の独立」だ。

ソ連が崩壊した1990年代初頭、ロシアの防衛産業では約2000社が、450万人の労働者を抱えていた。もちろんソ連時代と同じ量の受注は期待できないので、生産停止・廃業に追い込まれたり技術者の流出も相次ぐ。

そして「ソ連邦構成国の独立」があった。航空機であれば、読者は「ミグ（Mig）」や「スホーイ（Ｓｕ）」といった名前を聞いたことがあるだろう。冷戦期には「ミグ」はソ連戦闘機の代名詞で、西側にとっては脅威の対象でもあった。朝鮮戦争（１９５０〜53年）でＭｉｇ−15が、ベトナム戦争（１９６１〜75年）ではＭｉｇ−17、Ｍｉｇ−19、Ｍｉｇ−21が共産圏側の戦闘機として活躍した。

日本との関係では、１９７６（昭和51）年9月に亡命を求めて函館空港に強行着陸したのは当時の最新型戦闘機Ｍｉｇ−25で、１９８３年9月にソ連領空へ誤侵入した大韓航空機を宗谷岬の北・樺太西岸沖で撃墜したのがＳｕ−15戦闘機だった。

ミグやスホーイはロッキード・マーチンのような航空機メーカーではない。「ミコヤン・グレヴィッチ（略してミグ）設計局」「スホーイ設計局」は設計・開発をし、別組織である国営航空機工場が生産を担当していた。

問題はこの国営工場がソ連各地に分散しており、各国の独立とともにロシアから離れたものが多かったことだ。設計・開発はロシアでできるが、ウズベキスタンやウクライナにある生産工場はロシアとは切り離された。特にウクライナは戦闘車両や艦艇の生産工場を含め、旧ソ連の軍需生産設備の4〜6割があったとされる。[*3]

＊2　N.R. Jenzen-Jones, Global Development and Production of Self-loading Service Rifles : 1896 to the Present (Geneva : Small Arms Survey, 2017).

＊3　小泉悠『軍事大国ロシア——新たな世界戦略と行動原理』（作品社、２０１６年）第8章。

ロシアの防衛産業にとって、冷戦終結後の1990年代は大変厳しい時期だったが、2000年に誕生したプーチン政権の下で立て直される。集約化と国の関与強化が行われ、何となく社会主義への逆戻りの感があるが、英国のBAEシステムズやイタリアのレオナルドも似たような道を辿っていたのは見てきた通りだ。「集約化と国の関与強化」は、防衛産業立て直しの共通解かも知れない。

ロシアの防衛産業は、プラットホームについては大きく陸軍・空軍の武器生産を担うロステック、海軍の艦艇建造を引き受ける国営企業「統一造船会社」があり、これに誘導武器（ミサイル）製造を専門とする「戦術ミサイル企業」を加えた大手三社の鼎立構造となっている。

防衛産業が立て直されたといっても、ロシア製の武器は相変わらず「武骨」なままである。しかし2022年2月に始まったウクライナ侵攻後、ロシアの防衛産業は凄まじい生産力を見せた。確かにロシアはウクライナで相当量の武器を消耗している。これはロシア自身が当初想定していなかった量であろう。ただ構造が単純な武器は大量生産に向いている。

そして表1－2、1－4（第1章28、34ページ）に見るように、ロシア製武器の主な輸出先は中国、南アジア、中東、アフリカだ。これらの国では、精密武器の維持整備体制が必ずしも整ってはいない。となれば「武骨」な武器の方が使い勝手がよい。冷戦期からソ連製の武器を輸入または軍事援助で導入していた国では、旧ソ連規格の施設・設備がそのまま利用可能だ。

このように武骨なロシア製武器は有事には強みを発揮し、国際的にも需要はある。これからもロシアの武器、そして防衛産業は武骨であり続けるに違いない。

ロステック

売上高　：３３４・3億ドル（うち防衛関連２１７・3億ドル：65％）
従業員数：66万人
事業分野：航空機、戦闘車両、火砲

巨大な寄せ集め

先に述べたように、プーチン大統領の下で防衛産業は再建された。例えば航空機では別々に分かれていた設計局と生産工場を統合し、西側の航空機メーカーと同じ設計・開発から生産まで一貫した体制がとられるようになる。そしてミグやスホーイ、ツポレフ、イリューシンなどの航空機メーカーは、２００６年に「統一航空機製造会社」という国策会社の下に置かれた。統一航空機製造会社のほか、武器、自動車、電子機器などの企業が、２００７年に国営複合企業ロステフノロギーの傘下に入る。同社は２０１２年にロステックに改称した。

こうしてロステックは、ミグやスホーイ（２０２１年に両社は統合）などの航空機事業に加えて、世界最大の戦車メーカーであるウラルヴァゴンザヴォートを傘下に置き、ヘリコプターを製造するカモフやミル、銃器製造のカラシニコフにも出資する国営複合企業となった。

報道映像や映画ではＡＫ－47と並んで、テロリストやゲリラ兵が対戦車ロケット発射器ＲＰＧ－７を担いでいる姿をよく見かける。２００１（平成13）年には北朝鮮工作船が海上保安庁巡視船に向けて発射したのもこれだ。模造品も含めて世界中で使われているが、ＲＰＧ－７を生産するバザルトもロステック傘下の企業である。

寄せ集めで巨大化した防衛関連企業であるが、自動車・電子・通信・薬品などの民生分野の重要産業も抱えているため、防衛関連の売上比率は65％である。

ロステックが出資するカラシニコフは、ウクライナ侵攻による無人機（ドローン）の需要増大に対応するため、ショッピングセンターを改装した工場で無人機を生産した。これなどはナチス・ドイツに攻め込まれたソ連が、トラクター工場を戦車工場に改装した様を彷彿させる。

さらにカラシニコフは、人工知能（ＡＩ）を搭載した戦闘車両型ロボット兵器Ｕｒａｎ－９を開発。これはシリアなどで実戦投入されている。現在はＵｒａｎ－９の運用は遠隔操作によっているが、将来はＡＩによる自律行動も可能になると見られている。

〔主な防衛装備品〕

・Ｓｕ－27戦闘機：最高速度マッハ２・３、戦闘行動半径１６００km
１９７７年に初飛行をした多用途戦闘機。Ｆ－15やＦ－14など米国の第４世代戦闘機に対抗する目的でスホーイ設計局が開発した。機体そのものの空力性能は西側のものと遜色ないが、当

Su-27戦闘機

出所：Dmitriy Pichugin

初はレーダーその他の電子機器の能力は大きく劣っていた。その後は電装品も改良され、複座型長距離戦闘機、戦闘爆撃機、艦上戦闘機などの派生型が開発されている。当初の空力設計が優れていたことの証左である。

中国もSu－27を基に、J－11戦闘機やJ－15艦上戦闘機を開発した。また2022年2月のロシアによるウクライナ侵攻前には、ウクライナ空軍も30機ほどを運用していた（ロシアの保有機数は約350機）。

・T－72戦車：主砲125㎜滑腔砲、最高速度時速60km

1970年代前半に旧ソ連で開発された戦車。小型の車両に強力な125㎜滑腔砲を搭載しており、陸上自衛隊の74式戦車も含めて当時西側戦車の標準主砲だった105㎜施条砲を凌駕した。その後の西側での戦車開発は、戦闘能力でT－72を上回ることが目標となる。

T-72戦車

出所：Ministry of Defence of the Russian Federation

第3章で取り上げたラインメタルの120㎜滑腔戦車砲開発の背景には、このような事情があった。ただし湾岸戦争（1991年）では、イラク軍のT－72が120㎜砲を装備した西側の戦車に歯が立たないことが判明した。

T－72はイラクのほか、インドや東欧諸国にも多数が輸出され、それぞれで近代化・能力向上の改修を受けている。ロシアでもT－72を基にした新型戦車T－90が開発された。なおT－72を生産するウラルヴァゴンザヴォートは、大統領令によって2016年にロステックの下に入っている。

ウクライナ侵攻前時点でのT－90を含む戦車保有数は、ロシアが3000両（このほかに予備として保管分が7000両）でウクライナが130両（同500両）だった。

統一造船会社

売上高　：47・1億ドル（うち防衛関連38・9億ドル：80％）
従業員数：8万人
事業分野：艦艇

バルト海から日本海まで

2007年の大統領令によって、ロシアの主要造船所を包含する形で設立された国有企業だ。主な拠点を西部（サンクトペテルブルク）、北部（バレンツ海・白海の奥）、東部（ウラジオストック）に置き、造船所の所在地はクリミア半島から飛び地となっているカリーニングラード、極東のアムール川沿岸などロシア全土に広がっている。

ロステックもそうだが、小規模分散していた造船会社の国有複合企業化は、国家による産業の梃入れというよりも、政府による防衛産業の統制強化の意図が強く働いている。政府が軍人・財閥による「軍産複合体」の形成を警戒しているとも理解できるが、スターリン流の産業統制・命令経済の影もちらつく。

ヤーセン級攻撃型原子力潜水艦

出所：Ministry of Defence of the Russian Federation

統一造船会社は、通常型のキロ級潜水艦や攻撃型・弾道ミサイル搭載原子力潜水艦、主な水上艦艇の建造を一手に引き受けている。

・ヤーセン級攻撃型原子力潜水艦：満載排水量1万4000トン

巡航ミサイルによる攻撃を任務とする原子力潜水艦。計画と設計はソ連時代の1980年代に始まったが、ソ連の崩壊で一番艦の建造が始まったのは1993年だった。しかしその後はロシアの財政難で建造の中断もあり、就役したのは2014年と建造に20年以上もかかっている。

巡航ミサイルは海上自衛隊の潜水艦のように魚雷発射管から発射されるのではなく、艦橋と機関部の間に設けられた垂直発射装置（ＶＬＳ）に収められている。また原子力潜水艦の騒音発生源であるポンプによる冷却水循環に自然循環を取り入れており、これにより米国の原潜並みの静粛性を実現している。さらに同級潜

キロ級潜水艦

出所：Ministry of Defence of the Russian Federation

水艦の新型では乗員が64名と、米国海軍のヴァージニア級134名に比べて大幅に省力化されている。

・**キロ級潜水艦**：満載排水量3000トン

ソ連時代から現在まで建造が続いており、ロシア海軍以外にも東欧・アフリカ・アジア諸国の海軍が導入するなど、通常型潜水艦のベストセラーとなっている。キロ級潜水艦の特徴は、新型になると改良・改善が進み性能を向上させている点だ。優れた基本的な構造がそれを可能としている。

例えば新型のキロ級潜水艦はスクリューの形状も改善して回転数を抑え、吸音タイルを装着するなど、それまでのソ連・ロシア製通常型潜水艦に比べて静寂性が向上している。中にはスクリューに代えてポンプジェット推進にしたものもあるが、これが優位性を発揮するのは高速域なので通常型潜水艦での効用は疑問無しとしない。近年の型では自動化された装備が導入され、省人化も進んでいる。

2 中国——民生技術が軍事技術を牽引

始まりは清朝末期

中国での近代的な防衛産業の勃興は、西欧の科学技術の導入・吸収を目指した清朝末期の「洋務運動」に遡《さかのぼ》ることができる。これは1890年代半ばごろまで続いた。洋務運動そのものが、アヘン戦争（1839～42年）やアロー戦争（1856～60年）で欧米列強の科学技術の力を思い知ったことで始まっている。この辺は、薩英戦争（1863年）や下関戦争（1863～64年）で欧米に敗れた薩摩や長州が、攘夷から開国へ方針転換したことに時期や内容が近い。

洋務運動の期間中、近代的な武器工場を設立し、その運営に必要な人材の育成も行われた。しかし当初は経費管理が甘く、洋務派の軍人官僚が労働者を酷使する形で生産活動が行われた。[*4] 共産党が政権をとる80年も前に、防衛産業だけは社会主義が先行実施されていた形だ。ただ少しずつ合理的な工場経営が行われるようにはなる。

1949年に中華人民共和国が成立して国共内戦が終結すると、防衛産業の優先順位も下がった。まずは長期の戦乱で弱った産業基盤を立て直すことが急務となる。[*5] しかしこの時の中国は、重工業の建設に合わせて軍事工業を近代化することとした。「重工業（＝生産財）の建設に合わせて」というところはロシアのところでも述べたように、いかにも社会主義思想下の経済建設である。

また朝鮮戦争で中国は空軍力の必要性を強く認識し、ソ連の支援を受けて航空機工業の育成に取り掛かった。

「四つの近代化」と「軍民融合」

中国では経済建設の方針として、１９５０年代から工業・農業・国防・科学技術の「四つの近代化」が提唱されていた。これは１９７８年に鄧小平が中国の最高指導者に就くと、翌年には国の最重要課題となる。

同時に改革開放が進められ、西側の優れた技術が中国にもたらされるようになった。この時期は、毛沢東とフルシチョフの路線対立に端を発する中ソ対立の最中だったことが中国には幸いした。西側にとって中国は「敵（ソ連）の敵」となり、当時は中国が西側の先端技術情報に

＊4　曹勤「中国産業近代化初期における企業基盤――清末期の重工業成立」『帝京経済学研究』第26巻第2号（２００３年3月）。

＊5　山口信治「朝鮮戦争と中国の軍事興業――中華人民共和国建国初期における軍事工業建設計画１９４９―１９５３」『戦史研究年報』〔防衛省 防衛研究所〕第17号（２０１４年3月）。

接することへの抵抗感も小さかった。この状況は1989年6月の天安門事件で一変するまで続く。

1982年に中国は、軍事部門の調達と開発を一元管理する国防科学技術工業委員会を設立。これは2008年に産業情報技術部（「部」は日本の「省」に相当）と統合され、国家国防科学技術工業局となった。同局の下で北京工業大学など軍が管理する理工系大学に加えて、表1－6（第1章42～43ページ）にある中国企業8社を含む防衛関連企業が統制されている。各企業は戦闘車両、火砲、艦艇、航空機などの分野ごとに分かれているので、中国の防衛産業は「国有独占」の状態だ。

いかにも中国らしいのは、2023年の時点で中国第2の防衛関連企業である中国兵器工業集団で、カラシニコフＡＫ－47のライセンス生産や改良型小銃の生産、米国製の拳銃や小銃の模造品を違法に生産している。

英国防省では2001年時点における中国の科学技術力は、英仏独に比べて8～11年、米国に比べると17年の遅れがあると見ていた。[*6] 2001年の欧州各国の技術水準であれば、中国は2020年には達することができると予想されたが、その時には欧州も先に進んでいる。これではアキレスが亀に追い付けないように、中国の技術力は永遠に欧米から後れをとったままだ。

ただし21世紀に入ると中国が経済力をつけてきたのに併せて、外交・軍事でも権威主義的な姿勢を見せはじめると、西側諸国も警戒心から対中技術提供を控えるようになった。この傾向は、２０１２年に習近平が共産党を掌握すると一層強まった。
　その習近平は、２０１５年５月に政策方針「中国製造２０２５」を発表する。10年後となる２０２５年には、製造業の分野で先進国の仲間入りを目指すとしたものだ。そこでは「軍民融合」が指摘されている。民生分野での技術力進展が、軍事部門でのそれを牽引するという考え方である。民生分野での中国の科学技術力は、一部を除いてすでに米国を上回っているとの指摘もある。[*7]
　こうした民生分野での技術力向上も手伝い、中国の軍民融合は、海洋、宇宙、サイバー、人工知能（ＡＩ）といった「新しい領域」に広がっている。

＊６　Ministry of Defence (UK), *Defence Industrial Strategy: Defence White Paper*, (London:The Stationery Office Limited, 2005)。
＊７　Jennifer Wong Leung et. al., ***ASPI'S Two-Decade Critical Technology Tracker: The Rewards of Long-Term Research Investment*** (Canberra: Australian Strategic Policy Institute, 2024).

中国航空工業集団

幅広い実績

売上高　：834・3億ドル（うち防衛関連208・5億ドル：25％）
従業員数：40万人
事業分野：航空機

中国の近代航空産業は、中華人民共和国建国（1949年10月）から2年後の1951年に重工業部航空工業局が設立されたことに始まる。これは幾度かの組織改編を経て2008年11月に中国航空工業集団となった。「工業集団」という名が示す通り航空機関連企業の集合体で、ロシアのロステックに似た企業形態と言えるだろう。

中国の航空工業は同社と中国商用飛機の二大メーカー体制となっているが、後者は民間航空機専業であるため軍用機はほぼ中国航空工業集団が開発・生産している。それでも軍需関連の売り上げ比率は意外に低く25％しかない。これは中国側の発表によるものではなく、SIPRIの推計値である（表1－6）。また中国航空工業集団は、中国商用飛機の発行済株

J-10戦闘機

出所：Alert5

式の約4分の1を保有している。

軍用機では、戦闘機・爆撃機・哨戒機・輸送機・練習機・ヘリコプターに加えて、警戒管制機や電子戦機などのハイテク軍用機まで幅広く手掛けている。

同社が開発中のJ－31戦闘機はステルス性を強く意識した機体だ。中国空軍が採用する動きはないものの、中国製戦闘機の輸入実績があるパキスタンが興味を示しているようだ。

ただし米国筋の報道によると、中国人ハッカーが米国のF－35の開発データに侵入して、その成果が開発中の戦闘機J－31に組み込まれているとされている。真偽のほどは不明だが、この報道の通りであっても中国側に相当の技術力がなければ、入手した先端技術情報を吸収して自社の航空機に組み込むこともままならない。決して侮ってはいけない。

〔主な防衛装備品〕

・**J－10戦闘機**：最高速度マッハ1・8、戦闘行動半

J-20戦闘機

出所：N509FZ

径600km

　操縦席の下の空気取り入れ口があり、カナード翼（主翼の前にある尾翼）を備えるなど、外見はユーロファイターに似ている。世代的には新型のJ－10戦闘機はユーロファイターやラファール、日本のF－2と同じである。

　1980年代までMig－21戦闘機を基に開発したJ－7やJ－8を運用していた中国空軍が、それらを更新するために開発・装備した戦闘機だ。中ソ対立の時期に開発されたのでソ連からの技術提供はなく、また開発期間中に天安門事件が起こったことから、西側からの支援も期待できなくなった。それでも独自の構想に基づいて開発に成功しており、ソ連や西側からの「技術支援」が無かったことで、中国の航空技術は却って向上した可能性がある。

　本機は中国以外では、パキスタンに輸出されている。

・**J－20戦闘機**：最高速度マッハ2・0、戦闘行動半

GJ-11無人偵察攻撃機

出所：颐园居

径２０００㎞

中国が開発し実戦配備を行っているステルス戦闘機で、米国のＦ－35と同世代に当たる。機体だけではなく電装品も性能が大きく向上しており、搭載レーダーの能力は米国のＦ－22戦闘機を上回るのではないかと見る向きもある。

エンジンは中国製だが、その中核部分はエアバスＡ－３２０やボーイングＢ－７３７旅客機が使用している米仏共同開発のエンジンを基にしたものだ。

複座型も製作されており、操縦を行うパイロット以外に各種情報処理や随伴無人機の操作・管理要員が搭乗すると見られているが、詳細は未だベールに包まれたままだ。

・**ＧＪ－11無人偵察攻撃機**：最高速度マッハ０・８、戦闘行動半径２０００㎞

ステルス無人機で、有人戦闘機と共同行動をとることも視野に入れて開発されている。

２０２１年10月に中国の珠海で開催された航空ショーで、ＧＪ－11の運用を想定したコンピューター・グラフィックス映像が公開された。この中では、強襲揚陸艦（０７５型）を発艦したＧＪ－11の２機編隊が、途中で囮となる無人機６機を前方に射出する。現代における「身分身の法（自分の分身を生む孫悟空の術）」だ。合計８機となった編隊では、先行する囮が欺瞞《ぎまん》信号を出して敵の対空火器を引き付け、その間にＧＪ－11が敵艦に接近し攻撃していた。

こうした運用も想定されているＧＪ－11は、２０２２年に量産に入っている。

中国船舶集団

売上高　：489・5億ドル（うち防衛関連114・8億ドル：23%）
従業員数：20万人
事業分野：艦艇

空母の建造を開始

中華人民共和国建国後の造船業は、国有化されていたものの統一管理はされておらず小規模分散の状態だった。そして1970年代後半に改革開放が始まると、造船業の統一管理を目指して1982年に中国船舶工業が設立された。同社は効率化と競争原理の導入を目的に、1999年には中国船舶工業集団公司と中国船舶重工集団公司の2つの国有企業に分割される。ところが2019年、中国船舶工業集団と中国船舶重工集団は再統合されて、中国船舶集団が設立された。中国海軍が配備する主な水上艦艇（空母、強襲揚陸艦、駆逐艦、フリゲート艦、補給艦など）や潜水艦は、中国船舶集団傘下の造船所で建造・修理されることになる。

このように中国の造船業は国営企業の下に全国の主要造船所が入るという、肥大化した状態

空母「福建」

出所：新華社／共同通信イメージズ

にある。規模の経済性を追求するというよりも、権威主義的な傾向を強める共産党・中国政府による産業統制強化の姿勢が垣間見られる。

〔主な防衛装備品〕

・**空母「福建」**：満載排水量8万トン、搭載機50機以上

中国海軍が配備する3隻目の空母。それまでの2隻が旧ソ連空母を改修したもの、またはその改良型を中国で建造したものだったが、本艦は中国独自に設計・建造した初めての空母である。

発艦にはスキージャンプ方式ではなくカタパルトを用いるが、現在世界でカタパルト発艦装置を備える空母を保有しているのは、中国のほかには米国とフランスだけだ。中国の艦艇建造技術は、間違いなく向上してきている。カタパルト発艦では機械で発艦速度を上げるので、艦載機への搭載量を増やすことができる。このためスキージャンプ方式に比べると、遥かに多くの燃料や武装を搭載可能となり、艦載機の攻撃力は飛

躍的に向上する。

搭載機にはロシアのＳｕ－27戦闘機を基に開発したＪ－15艦上戦闘機や、先に紹介したＪ－31などが予定され、その運用を支援する艦上機型早期警戒機の搭載も予定されている。

・強襲揚陸艦「海南」（０７５型）：満載排水量４万トン、搭載機（ヘリコプター）30機以上
中国海軍の揚陸艦で、最終的に同型艦８隻の整備が計画されている。空母と同じ全通甲板を使ったヘリコプターの運用能力に加えて、注排水可能な上陸用舟艇格納庫（ウェルドック）を備えている。

上陸作戦用の兵士１６００名を収容でき、対空ミサイルと近接防空システム（ＣＩＷＳ：高性能機銃）を装備。水陸両用作戦の際には司令部として機能できるよう、指揮統制システムも充実している。

3 イスラエル・インド・トルコ——躍進する新興国

イスラエル、インド、トルコなどの新興国は、武器の分野でも国際市場で一定の存在感を示している。

イスラエル——「カスタマイズ」の優等生

イスラエルの強みは、「カスタマイズ」にある。1948年5月の建国以来、同国は周辺のアラブ諸国との戦争・紛争をくぐり抜けてきた。建国直後、武器の量や防衛産業基盤が全く不十分だったイスラエルは、鹵獲した敵の武器を自軍に配備した。ソ連が後押ししていたアラブ諸国が配備していたのは旧ソ連規格の武器だったため、米国の支援を受けてNATO規格で武器を揃えていたイスラエルにとって、旧ソ連規格の武器をNATO規格に合わせるカスタマイズは必須だった。

例えば大量に鹵獲したソ連製T－54戦車の主砲は100㎜施条戦車砲であるが、鹵獲後には西側標準の105㎜施条戦車砲（陸上自衛隊の74式戦車と同じ戦車砲）に換装してイスラエル陸軍に配備した。照準器などもそれに合わせて改修する必要がある。またNATO規格ではあるがフランスから輸入したミラージュ5戦闘機も、電装品やエンジンを米国製に入れ換えた派生型を開発・生産した。

もっともイスラエルに限らず、武器の運用ではカスタマイズは付き物だ。日本も哨戒機やヘリコプターなどでは、米国製装備を自国の運用要求に合わせて改良したものを開発・運用している。またF－15戦闘機やP－3哨戒機は現在に至るまで長期間運用しているが、その過程で電装品やシステムを日本独自に更新しており、米軍のF－15やP－3と外見は同じだが、中身は大きく異なるものとなっている。

なおイスラエルでの戦車の生産は、各部材（主砲、エンジン、電装品など）は各企業で生産し、その工程管理はエルビット・システムズ（表1－6）が担当している。そして最終組み立ては陸軍の整備補修軍団で行うという、変則的な形をとっている。

現在のイスラエルの防衛産業は、武器などのハードウェアに加えて、サイバー・電磁波などソフトウェアが中心となる新領域で頭角を現している。これは量的に少ないハードウェアを最大限有効活用するためにも欠かせないもので、日本としても参考になる動きだ。

インド——武器輸入大国から生産大国へ

１９５０年代、独立直後のインドでは経済発展が優先事項とされ、防衛産業育成の優先順位は必ずしも高くなかった。しかし１９６２年10月にカシミール東部やヒマラヤ山脈東部などで中印国境紛争が起こると、武器の開発・生産が重要視されるようになる。

インドの防衛産業は、戦闘車両・火砲（陸上装備）が国営1社の独占、艦艇は政府系大手4社の寡占、航空機は民間1社の独占、レーダーなど電子装備品も1社独占の状態が続いていた。しかし2021年に戦闘車両・火砲を独占的に生産していた国営企業が7つの国営企業に分割された。これは集約化と反対の動きであるが、肥大化した国営企業に経営効率化を求めた対応だった。ただ火砲、戦闘車両、通信機器、落下傘、弾薬など部門ごとの分割であり、それぞれは各部門で独占的な地位にある。

表1－6にはインド企業が3社入っている。しかし航空機、レーダー他、造船の企業であり、インドは陸軍国であるにも拘わらず、戦闘車両や火砲などの製造業が入っていないのには、分割されたことが関係している。現在インドは、武器の国産化を推進する方向にある。ただ冷戦期にはソ連から武器を多く輸入した関係から旧ソ連規格の武器が主流であるが、旧宗主国の関係からNATO規格の英国製の武器も少なからずあり、2つの規格が混在している状態だ。

トルコ――ウクライナ侵攻で無人機が活躍

新興国としては、トルコの防衛産業の発展が近年注目される。

もともとトルコの防衛産業基盤は強固なものではなかったが、冷戦末期には米国から技術支援を受け、F－16戦闘機のライセンス生産などを行った。またトルコ製武器は、クルド人勢力やイスラミック・ステート（IS）との抗争やシリア内戦を通して実戦経験を積んできた。

ただしトルコがロシア製の地対空ミサイルの導入を決定したことで、米国はF－35の開発計画からトルコを外したことに見られるように、今後は米国や西欧諸国からの技術供与には制約が生じるかもしれない。

２０２２年に始まったロシアのウクライナ侵攻では、緒戦でウクライナが配備したトルコ製無人機が活躍した。もっともトルコ製の無人機は比較的大型のため、ロシアが対策を採るようになると被撃墜率も上がったようだ。

イスラエル・エアロスペース・インダストリーズ

異色の航空機メーカー

売上高　：53・3億ドル（うち防衛関連44・9億ドル：84％）
従業員数：1・6万人
事業分野：航空機

1950年代はスエズ運河の管理権を巡って英仏とアラブ諸国が対立しており、その関係でイスラエルはフランス製の武器を多く輸入・採用していた。このため1953年に設立されたイスラエル・エアロスペース・インダストリーズ（IAI）の前身であるベデック航空機も、フランス製練習機のライセンス生産、同戦闘機の修理などから事業を始めた。ところが1960年代にフランスとアラブ諸国が融和的な関係になると、フランスはイスラエルに対して武器禁輸措置をとった。これに対して同社はフランスのミラージュ戦闘機を基に戦闘機を開発し、輸出にも成功した。

IAIは2006年に現在の社名に変更し、近年はイスラエル空軍が米国製戦闘機の配備を

クフィル戦闘機

出所：brewbooks

進めていることから、その修理・改修も手掛けている。また無人機も多数開発・製造している。ＩＡＩは航空機が中心のメーカーであるが、戦闘車両や小型艦艇、ミサイルなども生産している。

〔主な防衛装備品〕

・**クフィル戦闘機**：最高速度マッハ2・3、戦闘行動半径770km

いかにもイスラエルらしい、フランス製ミラージュ5戦闘機を独自に「カスタマイズ」したもの。エンジンを推力の大きい米国製に換装、主翼の前にカナード翼（先尾翼）を追加し、電装品も更新された。イスラエルでは全機退役して、Ｆ－16やＦ－15に更新されているが、コロンビアやエクアドルなどの輸出先では未だ現役だ。

ヒンドスタン航空機（インド）

眠れる巨人

売上高　：39・1億ドル（うち防衛関連37・1億ドル：95％）
従業員数：2・4万人
事業分野：航空機

今ではインドのIT産業の中心地となっている、インド南部のベンガルール（バンガロール）で1940年に設立された民間航空機メーカーである。第2次大戦中に軍用機増産の必要から国有化され、それが現在まで続いている。2023年時点では、インド最大の売り上げを誇る防衛関連企業となっている。

冷戦期には旧宗主国である英国や、当時関係の深かったソ連・フランスの軍用機・ヘリコプターをライセンス生産し、同時に戦闘機や練習機も独自に開発していた。また機体だけではなく、航空機用エンジンの開発・製造も手掛けており、最近では無人機の分野にも進出している。

テジャス戦闘機

出所：Venkat Mangudi

〔主な防衛装備品〕

・テジャス戦闘機：最高速度マッハ１・７、戦闘行動半径３００㎞

１９６０年代にドイツ人技師の協力で開発して以来、2度目となる国産戦闘機だ。米国のロッキード・マーチンのほか、イスラエル・エアロスペース・インダストリーズも開発に協力している。

旧式となったＭｉｇ－21の代替として１９８０年代に計画された。しかし開発は難航して、初飛行は２００１年、空軍での運用開始は２０１５年となった。当初は国産の新エンジンを用いる予定だったが、この開発もうまくいかず中止となり、代わりに米国ゼネラル・エレクトリック製のものを搭載している。世代としてはＦ－16前期型やトーネードと同じで、ユーロファイターやラファール、日本のＦ－２よりは旧式と見られている。

本機の開発は予想外に時間がかかり、エンジンの国産化にも失敗し、結果的に予期した性能を達成できていない。しかしヒンドスタン航空機は確かに戦闘機開発の経験を積んだ。現代の戦闘機開発は機体開発よりも、飛行制御プログラムの開発が成否を握っている。インドが同社の本社があるベンガルールを中心に、ソフトウェア開発大国として台頭していることも考えると、同社の潜在的な戦闘機開発力は侮れない。

なおインド海軍が保有する空母への搭載を視野に、艦上機型も開発中である。

バイカル（トルコ）

売上高　：20・0億ドル（うち防衛関連19・0億ドル：95％）
従業員数：5100人
事業分野：無人機

無人機の分野で頭角

バイカルは、1986年に設立された社歴の若い企業だ。トルコの防衛関連企業として2023年には、電子機器やシステム開発を事業とするアセルサンに次ぐ2番目の売上高を記録した。もともとは自動車の部品製造業だったが、2000年以降に無人機の開発・生産を行うようになる。

軍用無人機として2004年に初めて開発したのは偵察用の小型無人機だった。その後は高高度での長時間飛行が可能の偵察型や攻撃型の無人機を開発し、トルコ軍向けに生産するほか輸出も行っている。またウクライナのキーウ近郊で無人機工場を建設しており、年間120機の生産が見込まれている。

バイラクタル TB2

出所：Army.com.ua

〔主な防衛装備品〕

・**バイラクタルＴＢ２**：最高速度時速２２０km、航続距離４０００km

中高度長時間滞空の戦術無人航空機で、情報収集・監視・偵察・攻撃の各任務に対応している。遠隔操作と自律飛行が選択でき、トルコでは陸海軍に加えて憲兵隊・沿岸警備隊や警察なども導入している。東欧やアフリカにも輸出されており、日本の防衛省も将来の無人機運用拡大を視野に本機を調査している。

ウクライナ軍は２０２２年2月のロシア軍侵攻が始まる前に、この無人機を導入していた。侵攻が始まるとウクライナ軍は、ＴＢ２を地上目標や艦艇の攻撃に投入した。ただロシア軍の対策が奏功して被害が増えてくると、攻撃よりは偵察任務に向けられるようになった。

The Geopolitics of the Defense Industry

第5章

日本の防衛産業

日本でも防衛装備品は可能な限り国産化の方針を採ってきた。日本の国土に合わせた運用要求、継続的な維持修理を考えると、国内に製造拠点があることが望ましい。ところで近年、日本の防衛産業を取り巻く環境が大きく変化してきている。1つ目は日本固有の問題で、2022年12月の「安全保障三文書」で防衛産業基盤の維持・強化する方針が明確に示されたことだ。そして2つ目として、「カネと技術の壁」が、一層厚みを増してきていることがある。

この2つ目は世界共通の課題であり、欧米諸国も時間をかけて対応してきたが、日本の防衛産業も避けて通ることはできない。

1 「安全保障三文書」と「防衛生産基盤強化法」

「安全保障三文書」に見る防衛産業に対する姿勢

「安全保障三文書（「戦略三文書」「防衛三文書」とも呼ばれる）」とは、国の安全保障に関する基本方針や中期計画の方向性を示した3つの文書のことで、「国家安全保障戦略」「国家防衛戦略」「防衛力整備計画」を指す。現時点で最新のものは、2022（令和4）年12月に策定されたものだ。

「国家安全保障戦略」は、日本の安全保障に関する最上位の政策文書となる。[*1] いわば「安全保障に関する憲法」的な存在だ。外交・防衛に加えて、経済安全保障、技術、サイバー、情報など国の安全保障に関連する戦略的指針が示されている。その中では我が国の国家安全保障上の目標として、主権と独立の維持、内政・外交の自主性確保、領域と国民の生命・身体・財産の保護が挙げられている。

防衛産業に関しては、「我が国の防衛体制の強化」の項目の中で、防衛生産・技術基盤を「防衛力そのもの」と位置付けて、その強化を謳っている。さらに技術開発の分野では、「技術力の向上と研究開発成果の安全保障分野での積極的な活用のための官民の連携の強化」が指摘されている。これは何も日本に限ったことではない。中国であれば「軍民融合」を標榜していることはすでに述べた通りだ。

「国家防衛戦略」は防衛の目標を設定し、それを達成するための方策と手段を示す文書である。[*2] 基本方針としては我が国自身の防衛力による対応と、日米同盟による共同抑止・対処、そして「同志国等との連携」が項目として入っている。

この中でも防衛生産・技術基盤を「防衛力そのもの」として、その維持・強化の必要性が記されている。また防衛装備品の取得に関しては、「企業の予見可能性を図りつつ、国内基盤を維

＊1　「国家安全保障戦略」（２０２２年12月16日、閣議決定）。
＊2　「国家防衛戦略」（２０２２年12月16日、閣議決定）。

持・強化する」ほか、民間企業による維持が不可能な場合には、「国自身が製造施設等を保有する形態を検討」するとしている。欧州やロシアで見られる防衛産業に対する国の関与を、日本でも一歩踏み込んだものにするという意思の表れだ。

さらに同盟国・同志国との共同開発や装備品の海外移転を推進する方針も示されている。

3つ目の文章が「防衛力整備計画」となる。[*3] 自衛隊の編成や装備品の研究開発・調達に関して、「国家防衛戦略」が総論とすれば、「防衛力整備計画」は各論に相当する。ここでも「防衛生産・技術基盤は防衛力そのもの」という考え方を踏襲する。

宇宙領域の関連では組織体制・人的基盤を強化するため、宇宙航空研究開発機構（ＪＡＸＡ）との連携強化が記されている。ＪＡＸＡとの協力推進は、「中期防衛力整備計画（平成31〜35年度）」（31中期防）にもあり、これを引き継いでいる形だ。

防衛生産・技術基盤に向けては、供給網維持やサイバー攻撃などのリスク対応への企業による取り組みを財政・金融面で支援するとしている。また自衛隊独自仕様の見直しにも触れており、これは米国の「国家防衛産業戦略」や「欧州防衛産業戦略」が、「過剰な独自の運用要求」を控えることを主張しているのと軌を同じくする。日本でも「弘法筆を選ばず」が求められているわけだ。

そしてこれらの方針の実施に必要な契約額を、２０２３〜27年度の5年間で43兆５０００億円と定めた。

商人の倉は建つか

2023年6月に、「防衛省が調達する装備品等の開発及び生産のための基盤の強化に関する法律」案が成立した。

法律名の常として、内容を正しく表そうとして長くなることがある。「防衛省が調達する……」もそうで、いちいちこの正式名を言うと舌を噛みそうになる。行政側もそんなことは先刻承知なので、「防衛生産基盤強化法」という略称が用意されている。

この法律は、重要な防衛装備品の開発・生産や修理体制を維持することが主な目的だ。防衛産業政策の関連で言うと、「防衛生産基盤強化法」は、「安全保障三文書」で示された方針下の具体策である。

ところで近年は、防衛産業から撤退する日本企業が増えている。理由がいくつか考えられるが、大きく技術面と経営管理面の要因があるようだ。

まず技術面だが、今では民生技術が軍用技術の先を進んでおり、企業として旨みが減ってきたことは否めない。そうなると、日本国内で防衛事業に参画して国内製造部門の技術力を高める誘因も働かなくなる。

そして経営管理面では、将来の予見が難しい点が挙げられるだろう。調達数の長期低落傾向

＊3 「防衛力整備計画」（2022年12月16日、閣議決定）。

ならまだしも、安全保障環境の変化に伴い調達計画が突然変更される場合がある。民生品でも特定顧客からの受注変更というのは生じるが、他社との取引で穴埋めするなどの余地はある。しかし防衛装備品の場合、防衛省への納品がすべてだ。

企業にとって、この予見不能性は大きなリスクとなる。「商人《あきんど》は損していつか倉が建つ」という言葉があるが、これでは倉が建つ見通しも立たない。先に述べた技術面での旨みもさほどではないとなると、倉を建てるためにリスクを回避するという判断、つまり防衛事業からの撤退という判断は現実味を帯びてくる。

「防衛生産基盤強化法」は、このリスク軽減を狙っている。具体的には2つの柱からなっており、1つは「資金面での支援」だ。それでも装備品の調達に支障が生じる場合には、2つ目の柱である「生産設備の国有民営化」が実施される。ただしその対象は、供給網の強靱化・製造工程効率化・サイバーセキュリティ強化・事業譲渡であり、予見不能性の根本的な解決とはならない。

2 防衛費増額と防衛産業

認識された平時の備えの重要性

２０２２年のロシアによるウクライナ侵攻以降、欧米では改めて「平時の備え」が必要であることが痛感された。民主的で平和な日常が、強権主義的な国によって、いとも簡単に踏みにじられる様を世界は目の当たりにした。

ＮＡＴＯはロシアがウクライナ領クリミア半島に侵攻した２０１４年に、ＧＤＰ比２％以上の国防支出を加盟国の目標に設定した。当時のＮＡＴＯ加盟国でこれを達成していたのは米国・英国・ギリシアの３カ国に過ぎなかったが、２０２４年には23カ国に増えた。[*4] 中でもエストニア、ラトビア、ポーランドなど歴史的に帝政ロシアやソ連の圧迫を受けてきた国々は３％を超え、特にポーランドは４％以上となっている。

西欧以上に軍事的な緊張が高まっている東アジアでも「平時の備え」の重要性が認識され、日本の防衛費も２０１３（平成25）年以降はそれまでの減少傾向から増加に転じた。さらに２０２２年12月に閣議決定された「国家安全保障戦略」では、防衛力整備の予算がＧＤＰの２％に達するための措置を講ずるとしている。そして政府は、防衛省予算に海上保安庁やその他省庁のサイバー防衛・公共インフラ活用・国際協力なども加えた防衛関係予算の規模を、２０２７年度には対ＧＤＰ比２％とするとしている（図５－１）。

＊４　Public Diplomacy Division, NATO, "Defence Expenditure of NATO Countries (2014-2024)" *Press Release* (17, June, 2024).

図5 - 1

日本の防衛関係費推移（1997～2024年）

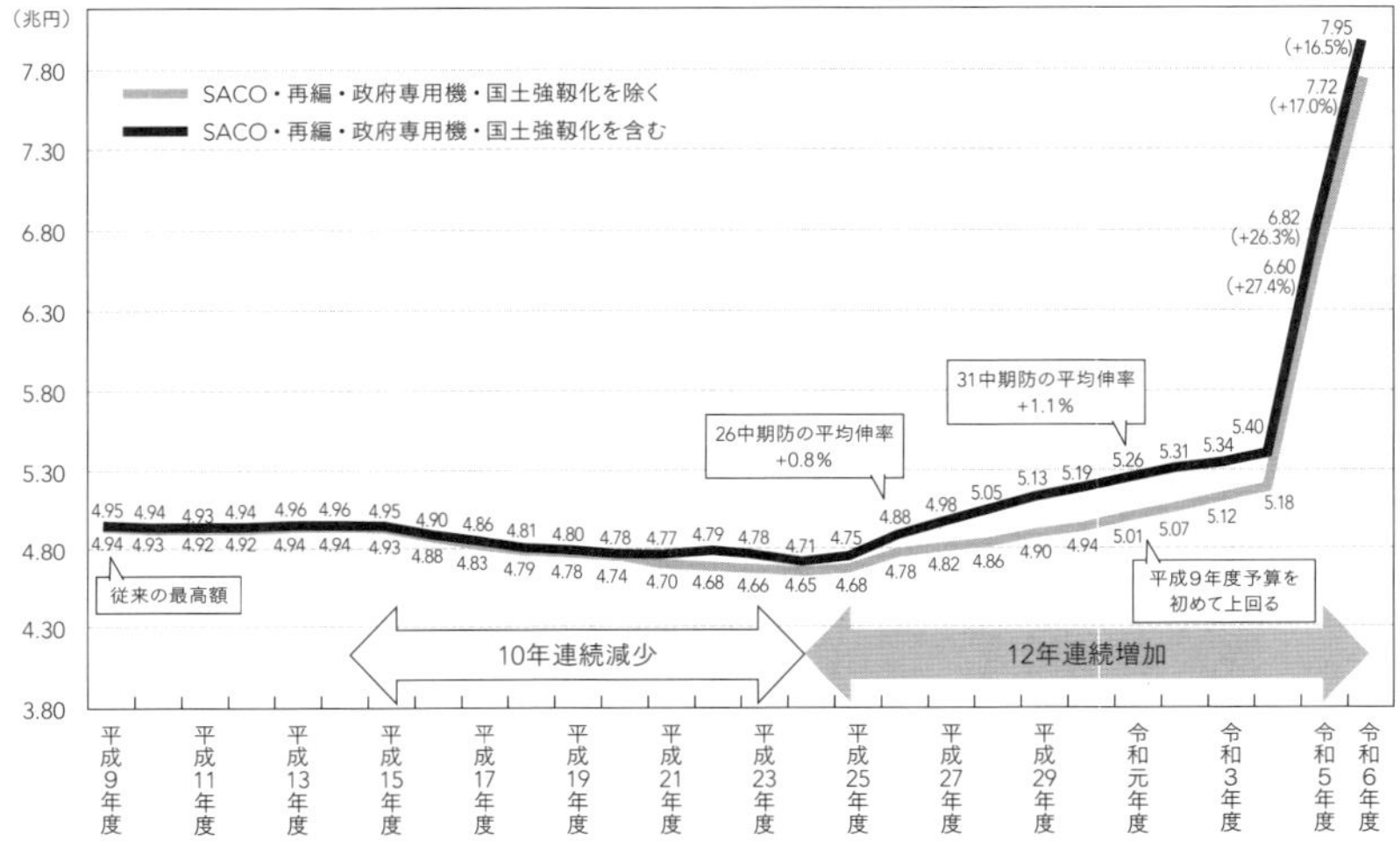

出所：防衛省編『令和6年版 日本の防衛―防衛白書』（日経印刷、2024年）229頁。

先に触れた「防衛力整備計画」では、２０２３～27年度の5年間で事業費（契約ベース）を43兆５０００億円と定めた。その事業別の配分額を表５－１に示す。ただし２０１３年以降に防衛費が増額しても、防衛産業の苦境は大きく変わらなかった。米国から有償援助（Foreign Military Sales：ＦＭＳ）を通じた装備品取得が増えたためだ。

ＦＭＳとは、米国が外国や国際機関に対して装備品を有償で提供する制度である。米国が開発した高性能装備品を短期間で取得できる一方、価格は米国主導で決定されるので、買う方が「足元を見られる」可能性は否定し得ない。

日本で防衛費が増額となったものの、国内の防衛産業にしてみるとＦＭＳ取得の増加に消えた形となった。なお現在、

表5-1

防衛力整備に関する事業別予算配分（2023～27年度）

区　分	分　野	5年間の総事業費（契約ベース）
スタンド・オフ防衛能力		約5兆円
統合防空ミサイル防衛能力		約3兆円
無人アセット防衛能力		約1兆円
領域横断作戦能力	宇宙	約1兆円
	サイバー	約1兆円
	車両・艦船・航空機等	約6兆円
指揮統制・情報関連機能		約1兆円
機動展開能力・国民保護		約2兆円
持続性・強靱性	弾薬・誘導弾	約2兆円 （他分野も含め約5兆円）
	装備品等の維持整備費・可動確保	約9兆円 （他分野も含め約10兆円）
	施設の強靱化	約4兆円
防衛生産基盤の強化		約0.4兆円 （他分野も含め約1兆円）
研究開発		約1兆円 （他分野も含め約3.5兆円）
基地対策		約2.6兆円
教育訓練費、燃料費等		約4兆円
合　計		約43.5兆円

出所：防衛省『令和6年版 日本の防衛 ―― 防衛白書』（日経印刷、2024年）229頁。

ＦＭＳで取得している主な装備品は表５－２の通りだ。

そもそも急激な防衛装備品の需要増加に、いきなりすべて国産品で対応することはできない。単に装備の買い増しや在庫積み上げとは異なり、「安全保障三文書」が示す通り、安全保障環境の変化に合わせて装備の更新も必要となる。

それを国産で行うにしても、装備品の研究開発は10年単位の話となる。装備品の開発経費や単価も上昇していることから、国産するにしても運用要求と費用対効果の精査は必要だろう。

当面はＦＭＳやライセンス国産での調達で外国製装備品を導入しながら、国産化や国際共同開発などの方針を丁寧に検討するというのが現実的な対応となる。

表5-2

FMSで取得している主な装備品

陸上自衛隊	V-22オスプレイ（輸送機）
海上自衛隊	SM-6（艦対空ミサイル） SM-3ブロックⅠB（弾道ミサイル迎撃用ミサイル） SM-3ブロックⅡA（同上） トマホーク（艦対地・艦対艦ミサイル）
航空自衛隊	F-15能力向上 F-35A、F-35B AIM-120（空対空ミサイル） KC-46A（空中給油・輸送機） E-2D（早期警戒機） グローバルホーク（警戒監視用無人機）

出所：防衛省『令和6年度版 日本の防衛――防衛白書』（日経印刷、2024年）463頁。

3 装備品の構成部品・関連技術

プライム企業と中堅企業の併存

防衛装備品の製造には、部品や関連装備を含めて実に多種多様な業種の企業が関連している。戦車を例に言うと、外見から主砲、機関銃、装甲、履帯《りたい》（キャタピラ）、エンジンなどの製造企業が関わるのは分かる。それだけではない。戦車にも戦車砲を命中させるには照準装置が必要で、弾道はコンピュータで計算される。エンジンの回転はそのまま履帯に伝わるのではなく、ギアやクラッチが間に入る。また戦闘行動のためには通信機器も欠かせない（図5－2）。護衛艦と戦闘機の構成部品と関連業種も、図5－2に示す通りだ。どれにも「プライム企業」として三菱重工業が挙がっているが、このプライム企業とは防衛省からの発注を直接受ける立場の企業を指す。そのプライム企業が、各種構成部品を部外の企業に発注する。

語呂合わせのように「戦車は千社」と言われるが、90式戦車や10式戦車では実に1300社

＊5 防衛装備庁装備政策課「防衛産業の実態――ご説明資料」（防衛装備に係る事業者の下請適正取引等の推進のためのガイドライン策定に向けた有識者検討会資料）（2023年6月）、川上景一「我が国製造業の現状と課題（防衛産業について）」『月刊ＪＡＤＩ』第707号（2006年4月）9頁。

が関係している。[*5] 同じことは護衛艦や戦闘機にも当てはまる。数字を挙げると、イージス護衛艦（DDG）で2200社、F－15・F－2戦闘機で1100社となる。

プライム企業は1000社以上の部品メーカー・協力企業を束ねることになるので、自ずと大手防衛関連企業がその立場に就く。そのような企業でも、日本の場合は売り上げに対する防衛需要（防需）依存度は10％程度に過ぎない。防衛装備品生産企業の平均となると、この値は4％程度に低下する。

その一方で、小規模・中堅企業の中には防需依存率が50％を超える企業も少なくない。装備品の生産は、このような小規模・中堅企業に大きく依存している。先に挙げた装備品生産に関わる1000～2000企業のうち、中小企業は70～80％を占めている（表5－3）。それも1次下請、2次下請けなどで構成されるピラミッド構造となっている（表5－4）。戦車や戦闘機では生産に関わる企業の約半分、護衛艦では約4分の3、そしてミサイルに至っては9割近くが2次下請だ。1次下請・2次下請の多くは小規模・中堅企業であり、これら企業の防需依存率は高い（図5－3）。

日本の製造業は、大企業とその下請けとなる中小企業の二重構造の存在が指摘されて久しい。中小企業は規模の生産性を発揮することができず、どうしても生産性向上の点で不利は否めない。こうした中小企業が、太平洋戦争時には産業動員の足枷となったという見方もある。[*6] そし

*6　J・B・コーヘン『戦時戦後の日本経済 上巻』〔大内兵衛訳〕（岩波書店、1950年）40頁。

図5-2

装備品（戦車、護衛艦、戦闘機）の構成部品と関連業種

出所：防衛装備庁装備政策課「防衛産業の実態 ——ご説明資料」〔防衛装備に係る事業者の下請適正取引等の推進のためのガイドライン策定に向けた有識者検討会〕（2023年6月）。

表5 - 3

主要装備品の生産参加企業数と中小企業の比率

装備品	参加企業数	中小企業比率
90式戦車	約1,300社	約70%
イージス護衛艦	約2,200社	約80%
F-15戦闘機	約1,100社	約80%

出所：川上景一「我が国製造業の現状と課題（防衛産業について）」『月刊JADI』第707号（2006年4月）9頁。

表5 - 4

各装備品生産参加企業の階層

	護衛艦	戦車	戦闘機	ミサイル
防衛省と直接契約	3%	0.5%	1%	0.3%
1次下請	55%	26%	47%	10%
2次下請	43%	74%	52%	89%

出所：鈴木英夫「経済産業研究所（RIETI） BBLセミナー 岐路に立つ我が国の防衛産業」（2013年1月）より作成。

て現在でも日本の防衛産業は、防需依存度の低いプライム企業と高い中堅企業の併存という形となっている。

図5-3

企業規模と防衛需要依存度

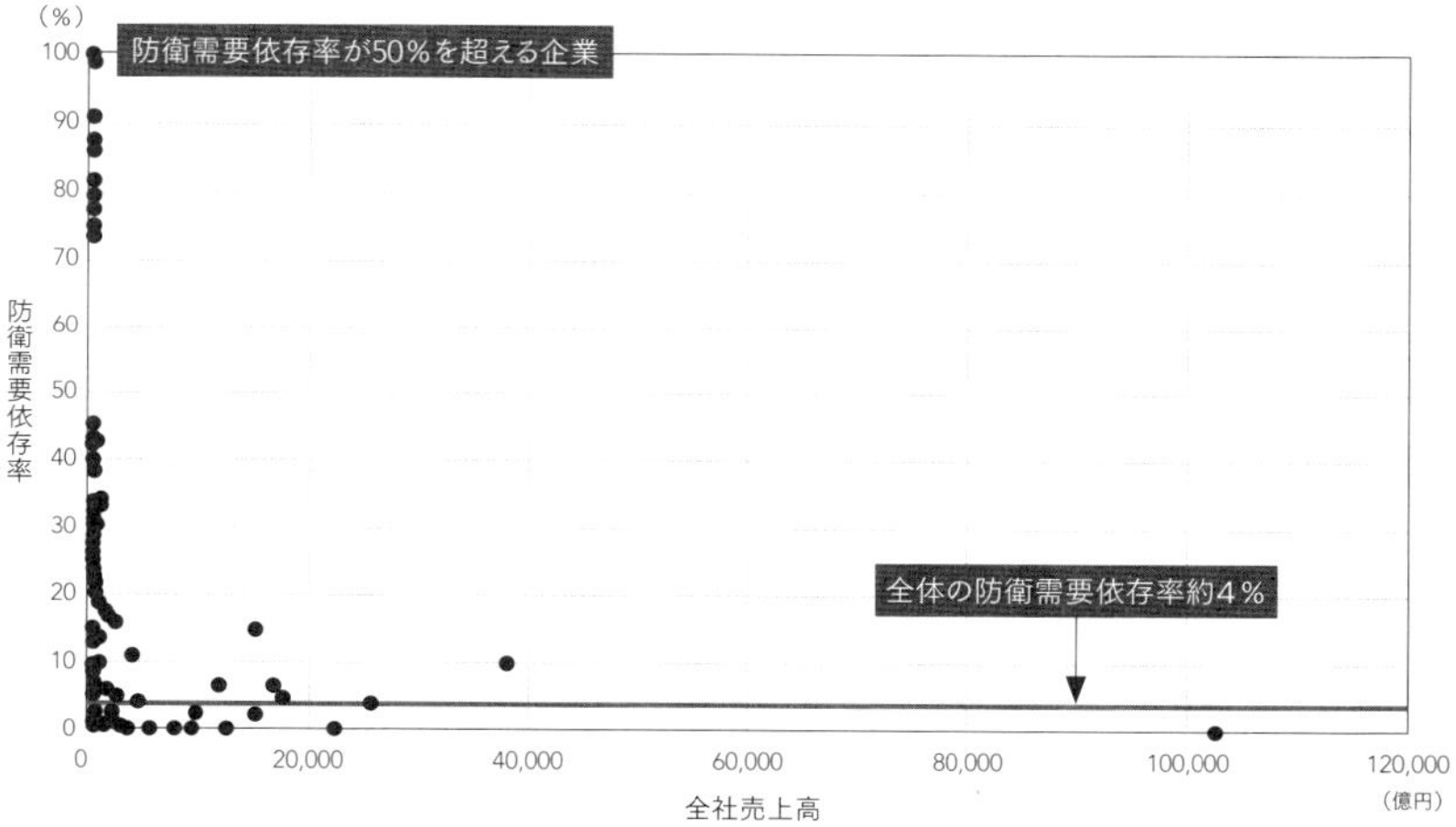

出所：防衛装備庁装備政策課「防衛産業の実態――ご説明資料」〔防衛装備に係る事業者の下請適正取引等の推進のためのガイドライン策定に向けた有識者検討会〕(2023年6月)。

4

カネの壁と技術の壁

世界共通の課題への日本の対応

現代では、防衛装備品の開発・生産には「カネ」と「技術」の2つの大きな壁がある。まず「カネ」であるが、具体的な数字で見てみよう。表5－5に、1980年代以降の主な装備品の取得予算価格を示す。見ての通り、時間の経過とともに装備品の単価は上昇している。戦車だけは、1995（平成7）年と2010（平成22）年では同じ9・5億円だ。しかしこの間に物価は10％下がっているので、実質的にはその分価格は高くなっている。戦車も汎用護衛艦も国産装備品であり、世代が変わるごとに価格は上昇している。

これに対して戦闘機は生産形態が異なり、F－15はライセンス国産であるがF－2では米国との共同生産が行われた。またF－15は制空を目的とする要撃戦闘機、F－2は対艦・対地攻撃も可能な支援戦闘機として開発されたという違いがある。ただ単純にF－2の取得単価をF－15と比較すると、物価の変動を考慮に入れた実質額で2割弱高くなっている。

価格が高くなっているのは、取得単価だけではない。装備品の高度化やIT技術の進展に伴い、開発経費も急騰している。米国の例だが、F－16の開発経費は約6億ドル（1975年価格）であったのに対し、その後継機であるＦ－35は７６３億ドルと見積もられている。[*7]

Ｆ－35は通常の戦闘機（Ａ型）に加えて、垂直離着陸機型（Ｂ型）・艦上機型（Ｃ型）を同時開発しているため、開発費が膨らむ要因はある。そうであっても、また米国の物価上昇（１９７５～２０２４年で４・４倍）を考慮しても、戦闘機の開発費が50年で１００倍以上に上がっているのは大変なことだ。他の装備品も似たようなものであり、これが続くと経済が持たない。

そして「カネ」の問題は、そのまま「技術」の問題となる。技術が高度になれば、加速度的に新技術の開発には経費がかかるようになる。これは民生品でも同じである。第３章で紹介した欧州での国際共同開発はその解決策の１つで、カネと知識を持ち寄って「三人寄れば文殊の知恵（＋財布）」を実行するものだ。

米国の装備品を政府間協議のうえで取得するというＦＭＳによる調達も、調達側にとってみれば「カネ」と「技術」の壁を克服する手段だ。日本でも近年は、ＦＭＳによる装備品調達が増える傾向にある（表５－６）。

ＦＭＳは「援助」という言葉が示すように商取引ではなく、米国が同盟国や友好国に対して防衛装備品を有償援助するという側面がある。このためＦＭＳの実行には、米国の安全保障や

＊７　Michael Rich, et. al., "Multinational Coproduction of Military Aerospace System" (Rand Corporation, R-2861-AF), (Oct., 1981), p.120; U.S. Governmental Accountability Office, "F35 Join Strike Fighter; More Actions Needed to Explain Cost Growth and Support Engine Modernization Decision," (GAO-23-106047), (May, 2023), p.7.

表5-5

1980年代以降の主な装備品の取得予算価格

	戦車	汎用護衛艦	戦闘機	物価指数
1982年	3.4億円(74式)	375億円(はつゆき型)	108億円(F-15)	100.0
1995年	9.5億円(90式)	642億円(むらさめ型)	********	116.4
2007年	9.5億円(10式)	750億円(あきづき型)	132億円(F-2)	104.0
	********	約200億円(20万tタンカー)	約160億円(B-787)	

註:10式戦車の価格は2010年度予算価格。物価指数はGDPデフレーターで、1982年度を100とした値。
出所:防衛庁編『昭和57年版 防衛白書』(大蔵省印刷局、1982年)181-182頁、防衛庁編『平成7年版 防衛白書』(大蔵省印刷局、1995年)333-334頁、防衛省編『平成19年版 日本の防衛 ——防衛白書』(ぎょうせい、2007年)333-334頁、防衛省編『平成22年版 日本の防衛 ——防衛白書』(ぎょうせい、2010年)388頁、内閣府経済社会総合研究所ホームページ、ジャパン・シップ・センター他「世界海運・造船市場の現状と経済危機の影響に関する調査報告書」(2009年4月)、全日空『アニュアルレポート2007』(全日本空輸、2007年)15頁より作成。

世界の平和維持に有益であることが考慮される。

またFMSで米国製の装備品を取得する国にとっては、米国がカネをかけて技術開発した成果を得ることが可能となる。FMS調達の利点としては、政府間取引であるため、商業ベースでは取得不可能な機密度の高い装備品を調達できることが挙げられる。加えてFMSは「援助」であることから、それによる装備品の調達案件には、米軍が実施する運用・整備に関する教育も含まれる。

もっともFMSも好いことずくめではない。「カネ」に関しては、同盟国などがFMSによる装備調達を増やすと米国での生産量が増えるので、規模の経済による価格低減効果が期待できる。ただしFMSでは米国主導で価格が決定されるので、どこまで規模の経済による価格低減が反映されているかは外からは分からない。

「技術」については、FMSでは秘匿性の高い技術は非開示(ブラックボックス)で提供される。日本の防衛産業にとってみると先進技術は習得できず、防衛技術基盤を弱体化させかねない。そして何よりもＦＭＳは「輸入」なので、これが増加すると国内開発やライセンス国産などによる装備品の調達数は減少する。また維持整備を米国企業が行うことが条件となる場合もあり、そうなると日本企業は装備品の維持整備にも限定的にしか関わることができない。

さらに運用については、ＦＭＳの取得が増えて装備品の米国依存が強くなると、米国の装備品開発方針や生産計画に日本の装備体系が大きく左右されることになる（ＦＭＳで取得している主な装備品は表５－２を参照）。

表5 - 6

最近のFMSによる装備品取得額

（予算ベース）

2017（平成29）年	3,596億円
2018年	4,102億円
2019（令和元）年	7,013億円
2020年	4,713億円
2021年	2,543億円
2022年	3,797億円
2023年	14,768億円
2024年	9,316億円

出所：防衛省編『令和4年版 日本の防衛 ―― 防衛白書』（日経印刷、2022年）455頁、防衛省編『令和6年版 日本の防衛 ―― 防衛白書』（日経印刷、2024年）463頁。

三菱重工業

日本の代表格

売上高　：332億ドル（うち防衛関連39億ドル：12％）
　　　　　4兆6600億円
従業員数：8万人
事業分野：航空機、艦艇、戦闘車両、ミサイル

三菱重工は言わずと知れた、日本の防衛関連企業の代表格だ。戦前には零戦（零式艦上戦闘機）や戦艦「武蔵」を製造し戦車も生産するなど、工廠《こうしょう》（国営の軍需工場）と並ぶ日本防衛産業の大黒柱だった。それは工廠がなくなった現在も変わっていない。

三菱財閥の源流は、明治維新後に大阪を拠点に海運業を行っていた九十九《つくも》商会だ。この経営を1870（明治3）年に土佐藩の商人だった岩崎弥太郎が引き受け、後に三菱商会と改称して本店を東京に移す。1861年に江戸幕府が開設した長崎製鉄所（造船所）は維新後には新政府の官営造船所となるが、これを1884年に三菱が払い下げを受けた。こうして三菱は重

工業に進出する。

三菱の航空機事業は、1916（大正5）年に三菱合資・神戸造船所で行われた航空機用エンジン（内燃機）に関する研究で始まった。1920年にそれが独立して三菱内燃機となり、エンジンのほかに機体の設計・製造も手掛けるようになる。主力工場は名古屋にあり、それ以来現在に至るまで三菱重工の航空機事業は名古屋が拠点となっている。1928（昭和3）年に三菱内燃機は三菱航空機と社名を変更するが、映画「風立ちぬ」（2012年）の主人公となった堀越二郎が入社するのもこの頃だ。1934年には三菱造船（1917年に三菱合資造船部が独立）と合併して三菱重工業となる。

太平洋戦争中には三菱重工業は、陸海軍が配備した軍用機の18%を生産し、戦艦12隻のうち3隻（「霧島」「日向」「武蔵」）、空母2隻（「隼鷹」「天城」）は三菱の長崎造船所で建造されたものだった。


戦後は財閥解体の一環として1950（昭和25）年に3社に分割され「三菱」の商号も社名から消えた。しかし「サンフランシスコ平和条約」が発行した1952年に商号は回復し、3つに分かれた企業も1964年に再統合されて企業名も再び「三菱重工業」となった。

終戦直後には航空機を作ることができず、三菱重工でも自動車車体、スクーター、農機具、鋳物などを生産していた。ところが1950年6月に朝鮮戦争が勃発すると、米軍機の修理を受注するようになる。同年8月に警察予備隊が創設されて以降は、防衛力の整備に伴い必要と

10式戦車

出所：陸上自衛隊

なる防衛装備品を順次開発・生産しており、その範囲も戦闘車両・艦艇・航空機・誘導武器（ミサイル）など多岐にわたっている。

自衛隊が配備する戦車や戦闘機はすべて三菱重工が中心に生産（ライセンス国産も含む）しており、護衛艦もその多くは同社が建造を手掛けている。２０２１（令和３）年には、三井Ｅ＆Ｓ（旧・三井造船）の艦艇建造部門を買収した。三菱重工は主に下関造船所で海上保安庁の大型巡視船も建造している。

次期戦闘機関連では、三菱重工は英ＢＡＥシステムズや伊レオナルドと共同で機体の設計・開発を行うことになっている。

〔主な防衛装備品〕

・**10式戦車**：主砲１２０㎜滑腔砲、最高速度時速70㎞

陸上自衛隊が配備する最新型戦車。重い90式戦車の配備は北海道に限られたので、10式戦車は軽量化を目指して開発されたが、２０２４年3月で本州の戦車部

もがみ型護衛艦：FFM-1「もがみ」

出所：海上自衛隊

隊は廃止され、戦車は北海道と九州に集中配備されることになった。

10式戦車では軽量化に加えて、戦車の三要素である攻（火力）・守（防護力）・走（機動力）の向上、最新の指揮統制通信システム（C４I）機能の搭載、民生品を活用した製造・運用にかかる経費の削減、将来の能力向上に向けた拡張性の確保などが開発目標として挙げられた。

・**もがみ型護衛艦**：満載排水量５５００トン

情報収集・警戒監視任務の増大に対応し、海上自衛隊の任務多様化への対応と船体小型化、建造・運用経費の抑制、装備の自動化・省人化を実現するために開発された護衛艦。

特に省人化については、前世代艦（あぶくま型護衛艦）が乗員１２０名だったのに対し90名と3割近く削減されている。また護衛艦としては、初めて機雷戦能力を備えたものとなっている。島嶼《とうしょ》に対する水陸両用

SH-60L哨戒ヘリコプター

出所：海上自衛隊

作戦実施時には、対機雷戦能力が不可欠なためだ。水中無人機による掃海が可能で、機雷敷設装置も搭載している。

今後、拡大改良型も含めて24隻が建造される予定である。

・SH－60L哨戒ヘリコプター：最大速度時速260km、航続距離900km

米国のシコルスキー・エアクラフト（2015年にロッキード・マーチンの傘下に入った：図1－1）が開発したSH－60の発展型として開発されたヘリコプター。このSH－60も、ソマリア内戦への米国の介入を題材にした映画「ブラックホーク・ダウン」（2001年）に出てくる陸軍用ヘリコプターUH－60ブラック・ホークの派生型だ。

対潜機器などを搭載するために陸軍用UH－60に比べて機体が拡張され、それに伴いエンジンも強化されている。

・04式空対空誘導弾（AAM－5）：重量95kg、射程35km

航空自衛隊向け赤外線誘導方式の近距離用空対空ミサイル。赤外線シーカーは日本電気製である。またヘルメット装着式照準器にも対応している。

AAM－5は発射時に敵機のエンジン排気赤外線を感知しなくても、ミサイル発射後に敵機の位置を母機から知らせてロックオンさせる能力を持つ（オフボアサイト能力）。

・12式地対艦誘導弾（12SSM）：重量700kg、射程200km

陸上自衛隊が装備する地対艦ミサイル。発射後には慣性航法（加速度から速度・位置を産出する）とGPS（グローバル・ポジショニング・システム）で誘導され、最終段階ではミサイルに内蔵されたレーダーで標的を捉える。旧型ミサイルに比べて、目標の判別能力が向上している。

島嶼防衛には欠かせない装備であり、九州・沖縄の部隊から配備が始まっている。

川崎重工業

潜水艦建造の先駆者

売上高　：132億ドル（うち防衛関連21億ドル：16％）
　　　　　1兆8500億円
従業員数：4万人
事業分野：航空機、艦艇（潜水艦）

幕末には幕府や各藩は、防備強化と技術習得を狙って洋式軍需工場を建設したが、百万石の加賀藩も現在の神戸市に「加州製鉄所」を創設した（加州とは加賀藩を意味する）。これは明治維新後に官営造船所となるが、東京・築地と神戸で民間造船所を営んでいた川崎正蔵が、1886（明治19）年に払い下げを受け川崎造船所と改称、1896年に株式会社となった。[*8]

川崎造船所は、海軍艦艇建造で2つの「日本初」をなし遂げている。1つは1906年に竣工した潜水艇建造で、米国エレクトリック・ボート（現・ジェネラル・ダイナミックス）製の潜水艇の改良型だった。川崎重工の潜水艦建造の原点である。エレクトリック・ボートの方も、変遷を経て現在も米国での原子力潜水艦建造の主要メーカーとなっている（第2章参照）。
もう1つは民間造船所初の戦艦建造で、「榛名」が1915（大正4）年に竣工した。この時、海軍は民間造船所の技術向上のため、それまで海軍工廠だけで行っていた主力艦建造を初めて川崎造船所（神戸）と三菱造船所（長崎）に発注した。三菱造船所は姉妹艦の「霧島」を建造するが、両者の競争意識はあまりに激しかったことから、海軍は竣工を両艦とも4月19日にして「引き分け」に持ち込んだという逸話がある。

川崎造船所は1939（昭和14）年に川崎重工業に社名を変更した。太平洋戦争終結まで、日本で大型艦艇（航空母艦・戦艦）を建造できた造船所は、2つの海軍工廠（呉・横須賀）と川崎重工（神戸）・三菱重工（長崎）の民間造船所、計4カ所だけだった。川崎・神戸で建造された大型艦艇は「榛名」のほか、戦艦「伊勢」、空母「加賀」「瑞鶴」「飛鷹」「大鳳」がある。

航空機では1918年に川崎造船所の中に飛行機科が設けられ、翌年に陸軍からフランスのサルムソン偵察機の製造を受注した。1937年に航空機生産拠点を神戸から岐阜県（現・各《かか》務原《みがはら》）に移し、航空機部門は川崎航空機工業として分離独立した。こうして各務原は現在に至る川崎重工の航空機開発・生産拠点となった。

＊8　株式会社の初代社長には、川崎正蔵と同郷（鹿児島県）の友人で首相も務めた松方正義の三男・松方幸次郎が就任。彼は日本に近代西洋美術を紹介する目的で、社長在任中に欧州で美術品を収集。これは「松方コレクション」として、現在は東京国立博物館・国立西洋美術館に所蔵されている。

たいげい型潜水艦：SS-514「はくげい」

出所：海上自衛隊

なお戦前の川崎は主に陸軍機を生産し、九九式双発軽爆撃機、二式複座戦闘機・屠龍、三式戦闘機・飛燕、五式戦闘機などを開発・生産、生産機数は日本全体の12%を占めた。さらに戦時中には、陸軍の高速飛行研究機「研三」も製造した。[*9]

戦後の装備品製造は１９５７年の護衛艦「うらなみ」に始まり、同年には戦後初の国産潜水艦「おやしお」の建造も始まった。その後の艦艇建造は潜水艦のみとなる。

戦前に分離した川崎航空機は、１９６９年に川崎重工業と合併した。戦後の川崎重工の自衛隊向け航空機の開発・生産は、哨戒機や輸送機などの大型機、ヘリコプターなどが中心となっている。

〔主な防衛装備品〕

- **たいげい型潜水艦**：満載排水量４４００トン

リチウムイオン蓄電池を搭載した、最新の通常動力型潜水艦。鉛蓄電池を搭載する従来型の潜水艦に比べ

P-1哨戒機

出所：海上自衛隊

て、ディーゼル・エンジンが使えない海中において、潜航したままでの長期作戦行動が可能となっている。機関だけではなく、静寂性や情報処理能力の改善も図られている。

1番艦「たいげい」は三菱重工・神戸造船所で、それ以降は川崎・神戸、三菱・神戸で交互に建造されている。なお三菱製も主機関は川崎製のディーゼル・エンジンを搭載する。

・P－1哨戒機：巡航速度830km、航続距離8000km

川崎重工がライセンス生産した米国製P－3Cの後継機として、国内開発された哨戒機。川崎重工はそれまで、哨戒機のライセンス生産（P－2V・P－3C）や改造開発・生産（P－2J）の経験を積んでいた。

本機はC－2輸送機と同時開発され、部品や治具《じぐ》を

＊9 「研三」機は1943年12月に、レシプロエンジン航空機の日本最高速度（時速699・9km）を記録した。

C-2輸送機

出所：航空自衛隊

一部供用とすることで開発費の抑制が図られた。ここにも「カネの壁」が顔をのぞかせる。

エンジンはＩＨＩが開発したものを採用している。機体だけではなく、電子機器・センサ類なども性能向上が図られた。また日本での運用環境に配慮して、騒音低減も実現している。

今後は哨戒機型のほか、現在はＰ－３Ｃの改造型が担当している電子戦情報収集型や画像情報収集型などの開発も検討されるだろう。

・Ｃ－２輸送機：巡航速度８７０㎞、航続距離５７００㎞（30トン搭載時）

川崎重工が生産した国産のＣ－１輸送機の後継機として開発・生産されている。国際平和協力活動など、自衛隊の海外での活動に対応するため、Ｃ－１に比べて航続距離は約4倍、貨物搭載量は約3倍に増えている。またＣ－１と異なり空中給油装置も備えている。

機体の生産では川崎重工が中胴部と最終組み立て、

三菱重工が後胴部、ＳＵＢＡＲＵが主翼、ランプ扉・車輪格納部・翼と胴の接合部は日本飛行機が、それぞれ生産を分担している。Ｃ－２に限らず、日本での航空機生産は、国産機であろうとライセンス生産であろうと、国内関連企業が協力して行うことになる。Ｃ－２やＰ－１では設計段階から、各社の技術者が川崎重工に出向して作業を行った。

企業間協力といえば聞こえはよいが、日本では航空機工業・防衛産業が小規模分散していることの裏返しでもある。

IHI

日本のジェットエンジン開発・生産の雄

売上高　：103億ドル（うち防衛関連8億ドル：8％[*10]）
1兆3200億円
従業員数：3万人
事業分野：ジェットエンジン、ガスタービン

黒船来航（1853年）で海上防備の必要を痛感した幕府は同年、水戸藩主・徳川斉昭《なりあき》に洋式造船所の建設を命じ、江戸・石川島に造船所が築かれた。維新後は海軍省の所管となった後、幕府の長崎造船所で造船業に携わった経験のある平野富二が、1876（明治9）年に払い下げを受けた。1893年には東京石川島造船所として株式会社になり、渋沢栄一が会長に就任している。

1924（大正13）年に石川島飛行機製作所を設立して航空機事業に進出[*11]。同社は1930（昭和5）年に陸軍飛行場があった立川に移転し、社名も立川飛行機に改めた（現・立飛企業）。

立川飛行機では太平洋戦争中、中島飛行機（現・ＳＵＢＡＲＵ）が開発した一式戦闘機・隼など陸軍機を生産し、また東京帝大航空研究所と共同で長距離飛行研究機「Ａ－26」も開発した。Ａ－26は１９４４年に航続距離の世界記録（１万６４３５㎞）を達成したが、戦争中のため国際航空連盟の公認は得られなかった。

太平洋戦争中に立川飛行機が生産した航空機は日本全体の10％弱を占め、これは中島飛行機（28％）、三菱重工（18％）、川崎重工（12％）に次ぐ規模である。なお造船部門では戦前・戦争中には駆逐艦などの建造を行っている。

東京石川島造船所は１９１８年にスイスからタービンの技術導入をし、その改良型を駆逐艦などに搭載していた。こうしたタービンの経験が、後のジェットエンジン事業に繋がる。戦争末期の石川島重工業に改称した１９４５年に、日本初のジェットエンジン・ネ20を開発した。[12]終戦直前の８月７日、ネ20を搭載した中島飛行機製の攻撃機・橘花が飛行に成功した。[13]

戦後は１９６０年に播磨《はりま》造船所と合併して石川島播磨重工業となり、２００７（平成19）年

＊10　２０２２年の値。

＊11　石川島造船所は第1次大戦の好景気の波に乗って、１９１８年に自動車製造にも進出。１９２９年に独立して、太平洋戦争中には軍用トラックや戦車を生産した。この会社は戦後、いすゞ自動車に社名を変更する。

＊12　世界的にも、独・伊・英・米に次ぐ世界5番目のジェットエンジン開発の成功だった。

＊13　この他に当時、三菱重工業、川崎航空機、日立製作所、日立航空機、石川島芝浦タービン（東京石川島造船所と芝浦製作所〔現・東芝〕の合弁会社）でジェットエンジンが開発されていたが、実機の飛行に成功したのはネ20のみ。

に社名をＩＨＩとしている。
防衛装備品では海上自衛隊の護衛艦の建造、航空機用ジェットエンジンや艦艇用ガスタービンエンジンの開発・生産（ライセンス生産を含む）を行っていた。ただし艦艇建造部門は、住友重機械工業の同部門と共同出資でマリンユナイテッドを１９９５年に設立。その後は日本鋼管・日立造船の船舶建造部門を統合したユニバーサル造船を合併して、２０１３年にジャパンマリンユナイテッドとなった（図１－１）。[*14]
旧・日本鋼管の鶴見造船所は日本で唯一砕氷艦船の建造能力を有し、海上自衛隊の砕氷艦（南極観測船）「ふじ」「しらせ（初代）」、海上保安庁の砕氷巡視船「そうや」はすべてここで建造された。企業再編に伴い、砕氷艦船の建造はユニバーサル造船（現・ジャパンマリンユナイテッド）舞鶴事業所が継承し、「しらせ（２代）」はそこで建造されている。なおこの舞鶴事業所は、元は舞鶴海軍工廠だった。[*15]
現在進められている日英伊共同開発の次期戦闘機計画では、ＩＨＩは英ロールス・ロイス、伊アヴィオと共同で搭載するエンジンを開発することになっている。

〔主な防衛装備品〕
・**Ｆ７ジェットエンジン**：推力６トン
（参考：大型旅客機やＣ－２の搭載エンジンの推力は１基約23トン）
戦闘機用エンジンの研究用に開発されたＸＦ５ジェットエンジンを発展させて、Ｐ－１哨戒

F7ジェットエンジン

出所：防衛省

機用としたもの。省燃費・低騒音を実現するほか、排気中の窒素酸化物や一酸化炭素の濃度も抑えられており、環境に配慮したエンジンとなっている。IHIが基幹部品であるタービンの製造や最終組み立てを担当するが、三菱重工や川崎重工からも部品の提供を受けている。

なおXF5の技術を基にXF9ジェットエンジンが開発されており、これで得られた技術は次期戦闘機に搭載するエンジンに適用される。

＊14　ジャパンマリンユナイテッド磯子工場は、現在もいずも型・まや型護衛艦や海上保安庁の大型巡視船などを建造している。
＊15　ジャパンマリンユナイテッドの呉事業所も、元は呉海軍工廠だった。

富士通

売上高　：268億ドル（うち防衛関連19億ドル：7%）、3兆7600億円
従業員数：12万人
事業分野：通信機器、センサ類

宇宙・サイバー・電磁波時代への期待

富士通の歴史は、明治初期の鉱山業に遡る。1875（明治8）年に京都出身の古河市兵衛が、江戸時代に会津藩により開発された草倉銅山（新潟県）を譲り受け、古河本店を創業（1918年に古河鉱業株式会社となる）。この時、市兵衛は渋沢栄一から資金援助を受けている。1877年には、後に鉱毒事件の舞台となる栃木県の足尾銅山も譲り受け、1896年には銅製電線の生産も開始した。[*16]

古河鉱業の電線事業は、1920（大正9）年に古河電気工業（古河電工）として独立。1923年に古河電工と独シーメンスの合弁で、モーターや発電機、変圧器を製造する富士電機製造が設立される。「富士」の名は、提携した古河とシーメンス（独語読みでジーメンス）の

「フ」と「ジ」を合わせたものだ。

1935（昭和10）年に、富士電機の電話機事業が富士通信機製造として独立した。今風に言うと、電線事業からのスピンオフだ。この頃から太平洋戦争終結まで軍用通信機、射撃用データ送信器などの軍需品生産を行っている。

戦後には電話交換機（リレー式）の原理を使ったリレー式コンピュータを1954年に開発。1967年に社名を富士通とした。1970年代には世界最速のコンピュータを開発し、1980年代にはスーパーコンピュータの開発を巡って、米国クレイ・リサーチ、日本電気、日立製作所などと激しい競争を繰り広げた。2012（平成24）年にはスーパーコンピュータ「京」を、2021（令和3）年に「富岳」を理化学研究所と共同で開発し、それぞれ当時の計算速度世界1位を獲得している。

防衛関連では作戦指揮統制システム、情報通信システム、クラウドサービス、赤外線探知装置、宇宙状況監視システムなどを手掛けている。

伝統的な陸海空に加えて、宇宙・サイバー・電磁波が防衛の新領域として重要性が急速に高まっている。それに伴い、富士通のようなIT企業も防衛関連企業としての存在感を高めている。

＊16　1906年、札幌の東北帝大農科大学（現・北海道大学）に古河記念講堂（有形文化財）の建設資金を寄付している。

その他の日本企業

小粒ながら伝統が光る

・**日本電気（NEC）**：売上高248億ドル（3兆5000億円）、うち防衛関連11億ドル

1899（明治32）年に、初の日米合弁企業として、電話機・交換機の製造販売を目的とする日本電気が設立された。戦前には陸軍向けの通信機やレーダーなどを開発、海軍のレーダー開発にも協力していた。[*17]

日本電気は戦後も陸上自衛隊の主な通信システムの開発・生産を行っている。また航空自衛隊は防空指揮管制システムに、当初米国製（ヒューズが開発）を採用したが、1983（昭和58）年の改修時から日本電気が開発した国産システムに入れ替え、現在のJADGEシステムに至っている。

その他、潜水艦探知用ソーナー、衛星通信システム、サイバーセキュリティシステムなどを防衛省・自衛隊向けに提供している。

・**三菱電機**：売上高375億ドル（5兆3000億円）、うち防衛関連11億ドル

三菱造船の神戸電機製作所が1921（大正10）年に独立して設立。戦争中は軍用機部品の生産などを行っていた。

戦後は気象レーダーの開発を手掛け、1964（昭和39）年に完成した富士山レーダーも開発した。防衛装備品では、米国製空対空ミサイル・地対空ミサイルのライセンス生産を担当している。また独自に開発した空対空ミサイル（99式空対空誘導弾：AAM－4）や地対空ミサイル（03式中距離地対空誘導弾：中SAM）の開発・生産をしており、これらは世界水準の性能を発揮している。[*18] 弾道ミサイルの探知にも対応する対空レーダー（J/FPS－5：ガメラレーダー）も同社による開発だ。

三菱電機は、次期戦闘機の電子機器の開発も担当する。

・**東芝**：売上高230億ドル（3兆3000億円）、防衛関連契約額9億ドル（1300億円）[*19]

＊17　レーダー開発では、陸軍は海軍よりも進んでいた。

＊18　03式中距離地対空誘導弾（中SAM）は米軍関係者も驚く性能で、彼らも畏敬を込めて「Chu－SAM」と呼んでいる。

＊19　以下の各社のこの値は2023年度の契約額であり売上額ではないので、防衛関連売上高を記している企業との比較はできない。

1875（明治8）年に電信機製造業として創業。その後は重電メーカー・芝浦製作所として発展し、1939（昭和14）年に東京電気を合併して東京芝浦電気となった。1984年に社名を東芝に変更した。

太平洋戦争中（1940年）には、日本初の対空早期警戒レーダー開発に成功している。戦後には、防衛関連事業として地対空ミサイル・ホークのライセンス生産、国産地対空ミサイル、レーダー、対潜航空機（固定翼・回転翼）用戦術情報処理システム、陸上自衛隊用指揮統制システムなどを開発・生産している。

・小松製作所：売上高270億ドル（3兆8700億円）、防衛関連契約額2億ドル（240億円）

1917（大正6）年に銅山経営者が、そこで使う機械製造のため石川県小松町（現・小松市）に鉄工所を開設。1921年に独立して小松製作所となった。1931（昭和6）年に初の国産トラクターを開発。太平洋戦争中の1943年には、海軍が鹵獲した米軍のブルドーザーを参考に、国産ブルドーザーの開発に成功している。

戦後に生産している防衛装備品は、陸上自衛隊向けの戦闘車両・特殊車両が中心だ。具体的には装甲車、指揮通信車、偵察警戒車、雪上車、化学防護車など。また無反動砲や迫撃砲の開発・生産、米国製自走榴弾砲のライセンス生産も手掛けた。

なお2019年に、自衛隊向け車両事業からの撤退が報じられた。

・日本製鋼所：売上18億ドル（2500億円）、防衛関連契約額4億ドル（570億円）

1907（明治40）年に室蘭で、日英合弁企業として設立。北海道の石炭と倶知安《くっちゃん》鉱山で産出される鉄鉱石を使って、製鋼と武器の生産を行うことを目的としており、同社設立には海軍が深く関わっていた。英国側の参加企業はヴィッカースとアームストロング・ホイットワースで、両社とも現在はBAEシステムズに統合されている。[*20] 戦前には海軍向けに主力艦の主砲や装甲、陸軍向けには戦車や野戦砲などを生産していた。

戦後には艦砲や戦車砲、機関砲（海上保安庁向けも含む）を生産している。最近では、陸上自衛隊が装備するフィンランド製装輪装甲車のライセンス生産も行っている。また同社は電気エネルギーで発生する磁場を使って弾丸を撃ち出す「レールガン」の開発も手掛けており、2023（令和5）年10月には世界初の洋上発射実験に成功している。[*21]

・日立製作所：売上高690億ドル（9兆7000億円）、防衛関連契約額6億ドル（790億円）

1910（明治43）年に鉱山機械の修理工場として創業。1920（大正9）年に日立製作

*20 日本側の出資企業は北海道炭礦《たんこう》汽船。

*21 日本製鋼所は製鋼技術を利用して原子力発電用圧力容器を生産しており、東日本大震災前には世界の原子力発電所の8割近くが同社製の圧力容器を使っていた。

所となり電気機関車、エレベーター、扇風機、冷蔵庫などを開発・生産。

戦前には関連会社（日立造船、日立航空機、日立兵器）も含めて駆逐艦、練習機、航空機用エンジン、機関銃などを生産していた。日立航空機の太平洋戦争中の生産機数は、日本全体の2・6％だった。

戦後はソーナー、音響掃海具、魚雷防護システム、艦艇用情報処理システム、艦艇用訓練シミュレーターなどを開発・生産している。[*22]

・SUBARU：売上高330億ドル（4兆7000億円）
1917（大正6）年に退役海軍機関大尉だった中島知久平が設立した飛行機研究所が発祥。1931（昭和6）年に中島飛行機となり、東洋最大の航空機メーカーとして太平洋戦争中は日本の軍用機の28％を生産した。現在のNTT武蔵野研究開発センタは元・中島飛行機の武蔵野製作所で、戦争中はB－29の爆撃目標となった。[*23] 戦争中の生産機は陸軍の一式戦闘機・隼、二式単座戦闘機・鍾馗《しょうき》、四式戦闘機・疾風など。零戦を開発したのは三菱重工だが、中島飛行機でも生産を行い、三菱重工の2倍の機数を生産した。

戦後は日本初の実用ジェット機である航空自衛隊のT－1練習機を開発・生産。また航空自衛隊や海上自衛隊向けの初等練習機（プロペラ機）、陸上自衛隊向けのヘリコプター（UH－2）などを生産している。

救難飛行艇 US-2

出所：海上自衛隊

・**新明和工業**：売上高18億ドル（2570億円）

1920（大正9）年に神戸で川西機械製作所が設立され、繊維機械と航空機の開発・生産を始めた。この航空機部門が独立して1928（昭和3）年に川西航空機となる。太平洋戦争中には大型飛行艇としては世界最高水準の九七式飛行艇、二式飛行艇、戦闘機では戦争末期の海軍主力戦闘機となった紫電改などを開発・生産した。戦争中、川西航空機の航空機生産量は日本全体の3％を占めていた。

＊22　日立造船と日立航空機は戦後の財閥解体で日立グループから離脱。日立造船はグループから外れても「日立」の名を残して海上自衛隊向け護衛艦などを建造していたが、造船部門は2002（平成14）年に日本鋼管（現・JFEエンジニアリング）と共同で設立したユニバーサル造船（現・ジャパンマリンユナイテッド）に移管した（図1－1）。日立航空機は戦後に社名も変更し、変遷を経て自動車や農林造園用機械・建設関連機器の製造業となった。

＊23　NTT武蔵野研究開発センタは電電公社時代には武蔵野電気通信研究所として、米国AT&Tベル研究所と並ぶ電気通信分野における世界の二大研究拠点だった。

戦後は特装車（ゴミ収集車など）、空港の旅客搭乗橋（ボーディングブリッジ）などのほか、防衛装備品として救難飛行艇US－2を生産している。US－2は波高3mでも離着水可能という世界最高の運用能力を誇っている。[*24]

・**豊和工業**：売上高1・4億ドル（198億円）

1907（明治40）年に、豊田佐吉が発明した動力織機メーカー・豊田式織機として設立された。1936（昭和11）年より武器の製造を開始したものの、終戦により武器製造は中断。戦後は朝鮮戦争が始まると、米軍向けの手榴弾や迫撃砲の製造で武器の製造を再開した。

現在は自衛隊向けに小銃・迫撃砲などの開発・生産（ライセンス生産を含む）を行っている。

＊24　川西航空機の附属病院（西宮市）は、戦後「明和病院」（川西航空機は明和工業に社名変更、後に新明和工業となる）となり、地域医療を支える総合病院となっている。

The Geopolitics of the Defense Industry

第6章

防衛装備品の海外移転

冷戦終結後の安全保障環境の変化に伴い、日本においても武器や防衛装備品の海外移転・輸出について新しい取り組みがなされてきた。防衛装備品の移転も広い意味の安全保障政策ということだ。装備品の移転・共同開発を通じて、平和貢献や国際協力、同盟国・同志国などとの安全保障・防衛分野での協力強化が図られる。

もちろんそれと同時に、「国際協力」でカネと技術の壁を突破し、防衛生産・技術基盤を維持しようという意図もある。防衛関連の企業としても、予見性に対するリスクの軽減が期待できる。

1

「武器輸出三原則」から「防衛装備移転三原則」へ

国際的な武器移転の管理

ココム(COCOM)とは対共産圏輸出統制委員会の略で、NATO結成と同じ年の1949年11月に創設されパリに本部を置いた。[*1]

ココムは冷戦期間中、共産主義諸国に向けた武器や技術などの輸出規制を目的としていた。これは共産圏に対する資本主義国の技術優位を確保するためのもので、アイスランドを除く当時のＮＡＴＯ加盟国と日本、オーストラリアの17カ国が加盟していた。

ココムでは輸出統制対象品一覧（ココム・リスト）を作成し、共産圏との貿易を監視下に置いた。加盟国が上記一覧にある物品を共産圏に輸出する際には、ココムによる全会一致の承認が必要だった。

ただし輸出統制対象品を巡っては、加盟国の利害も絡んで対立も生じた。対共産圏で手を組むとは言いながら、各国とも我が身が大事だ。

また企業がココム違反を承知で高性能品を共産圏に輸出することもあった。魚心があれば水心も生まれる。これが後で国際問題となる場合も少なくなかった。日本の関連で有名な例が、１９８７年に明らかとなった「東芝機械事件」だ。

東芝の子会社だった東芝機械（現・芝浦機械）と伊藤忠商事は、１９８２（昭和57）年から84年にかけて、ソ連技術機械輸入公団へ最新型の数値制御工作機械とソフトウェアを輸出した。この機械はココムによって共産圏への輸出が禁止されていたものだった。

１９８７年3月に『ワシントン・ポスト』紙が、この件をスッパ抜く。これを受けて調査を行った米国政府は、この輸出がココムの協定違反であり、かつ輸出された工作機械はソ連海軍の原子力潜水艦のスクリュー静粛性向上に役に立ったと結論付けた。

＊1　ＮＡＴＯも当初はパリに本部があったが、１９６６年にフランスがＮＡＴＯの軍事機構から離脱したことで、翌年に本部がベルギーのブリュッセルに移転した。

日本政府は米国政府に謝罪するとともに警視庁が東芝機械の捜査を行い、「外国為替法」違反で同社幹部が逮捕された。

しかし米国側の怒りは収まらない。米国議会では、「日本企業の金儲けで米軍兵士の命が危険にさらされた」との声も上がり、議員がホワイトハウス前で東芝製の家電製品をハンマーで叩き壊すなど行為も見られた。そして東芝製品に対しては、米国政府による3年間の調達禁止の措置が取られた。連邦議会では、東芝製品の輸入禁止も議論された。折しも日本の経済力が世界を席巻し、米国がそれにある種の危機感を抱いていた時期の出来事だった。

1989年以降の東欧での社会主義政権崩壊と1991年12月のソ連崩壊で役目を終えたココムは、1994年3月にオランダのワッセナーで開かれた会合で廃止が決まった。


その後は武器や技術の輸出規制の対象が、国・地域に加えてテロ集団などの非国家主体も含んでいる。ワッセナーの会合ではそのための新協約設立も決まり、1996年7月に「通常兵器及び関連汎用品・技術の輸出管理に関するワッセナー・アレンジメント（ワッセナー協定）」が発足した。旧ココムの加盟国にロシア、旧東欧諸国などを含む42ヵ国が参加し、事務局はウィーンに置かれている。

同協定でもココムの時と同じように、先端技術民生品の「汎用品・技術リスト」と「軍需品リスト」に基づいて輸出管理を行っている。

「武器輸出三原則」

日本は武器輸出については厳格に管理する方針を定め、ココムや「ワッセナー協定」などの国際枠組みにも加盟してきた。

国内でも1967（昭和42）年4月に佐藤栄作首相は国会で、「共産圏諸国、国連決議で武器等の輸出が禁止されている国、国際紛争の当事国又はそのおそれのある国」への武器輸出を認めない、との方針を示した。これがいわゆる「武器輸出三原則」である。この三原則は、武器の輸出を認めない国・地域の「3分類」を示したものだった。「武器輸出三原則」は、この3分類の地域以外であれば武器の輸出を認めていた。

その後1976年2月に三木武夫内閣が、「武器輸出についての政府統一見解」を発表する。そこでは「武器輸出三原則対象地域への武器の輸出は認めない」「それ以外の地域への武器の輸出を慎む」となっており、これがその後の政府の方針となった。

つまり武器輸出を禁止したのは「武器輸出三原則」（1967年）ではなく、「武器輸出についての政府統一見解」（1976年）だった。

その後、安全保障環境の変化に応じて、「武器輸出三原則等の例外規定」が設けられる。これは1983年1月の同盟国・米国への武器技術供与に始まるもので、その後は急速に増えている（表6－1）。米国とのF－2戦闘機や弾道ミサイル防衛システムの共同研究開発・生産は、この枠組みの中で行われている。

また表からも分かるように、自衛隊の活動が海外に広がるにつれ、自衛隊が現地で利用する防衛装備品や、外国軍隊への物品提供なども例外として対応している。この例外措置は2013年まで続き、全部で21件にのぼった。

「防衛装備移転三原則」

2013(平成25)年12月に策定された「国家安全保障戦略」に基づき、新たな安全保障環境に適合する防衛装備品の移転に関する原則として翌年4月に「防衛装備移転三原則」とその「運用指針」が策定された。「防衛装備移転三原則」は、「武器輸出三原則」「武器輸出についての政府統一見解」に加え、表6−1にある21件の例外を整理統合したものである。ここでの「防衛装備」には技術も含んでいる。

この「防衛装備移転三原則」は、以下の大きく2つの考え方に立っている。第1に国際情勢に立脚するものだ。防衛装備の適切な海外移転が、国際的な平和と安全の維持の一層積極的な推進に有益であるという認識である。このため防衛装備の移転は同盟国である米国はもとより、それ以外の国々との安全保障・防衛分野における協力の強化に貢献する。

第2は防衛装備品の生産基盤強化の視点だ。最近では装備品の国際共同開発・生産が主流となっている。しかし日本が装備品の国際共同開発・生産に取り組んだのは、欧米諸国に比べると時期的に遅かった。したがって日本の各企業の防衛部門は、欧米企業に比べると国際共同開

表6-1

「武器輸出三原則等」の例外（計21件）

1.	対米武器技術供与（1983.1内閣官房長官談話）
2.	国際平和協力業務等の実施に伴い必要な装備品の輸出（1991.9関係省庁了解）
3.	国際緊急援助活動の実施に必要な装備品の輸出（1991.9関係省庁了解）
4.	日米ACSA下で行われる武器部品等の米軍への提供（1996.4内閣官房長官談話）
5.	対人地雷除去装置（1997.12内閣官房長官談話）
6.	改正日米ACSA ※周辺事態への拡大（1998.4内閣官房長官談話）
7.	在外邦人等の輸送の際に必要な装備品の輸出（1998.4関係省庁了解）
8.	弾道ミサイル防衛に係る日米共同技術研究（1998.12内閣官房長官談話）
9.	中国遺棄化学兵器処理事業の実施に必要な貨物等（2000.4内閣官房長官談話）
10.	テロ特措法に基づく自衛隊の物品・役務の提供等（2001.10内閣官房長官談話）
11.	イラク特措法に基づく自衛隊の物品・役務の提供等（2003.6内閣官房長官談話）
12.	改正日米ACSA ※武力攻撃事態等への拡大（2004.2.27内閣官房長官談話）
13.	平成17年度以降に係る防衛大綱 日米共同の弾道ミサイル防衛の開発・生産（2004.12 内閣官房長官談話）
14.	ミサイル防衛に関する日米共同開発における米国への武器供与 （2005.12内閣官房長官談話）
15.	ODAによるインドネシア向け巡視船の輸出（2006.6内閣官房長官談話）
16.	補給支援特措法に基づく自衛隊員の武器携行等（2007.10内閣官房長官談話）
17.	海賊対処法等に基づく武器等の輸出（2009.3内閣官房長官談話）
18.	日豪ACSA下で行われる武器部品等の豪軍への提供（2010.5内閣官房長官談話）
19.	防衛装備品等の海外移転に関する基準（包括的例外化措置） （2011.12内閣官房長官談話）
20.	F-35の製造等に係る国内企業の参画（2013.3内閣官房長官談話）
21.	国際連合南スーダン共和国ミッションに係る物資協力（2013.12内閣官房長官談話）

註：「ACSA」は「物品役務相互提供協定」の略。
出所：藤川隆明「防衛装備移転三原則及び運用指針の改正 ―― 次期戦闘機に係る改正までの経緯・改正内容・現行制度の概観」『立法と調査』第466号（2024年4月）62頁。

発・生産の経験が浅い。

　これでは国際共同開発・生産の潮流の中で、日本の防衛産業はますます孤立を深めるだけだ。共同開発ということは、技術や知見を持ち寄るだけではなく、リスクの共有・分散も期待できる。この波に乗り遅れると、リスクに耐えられない企業の防衛事業からの撤退が加速するであろう。


「防衛装備移転三原則」は表6－2に示す通りだ。要は、武器輸出三原則では「武器輸出は原則として禁止」となっていたものを、「日本の安全保障に資するものであれば、厳格に審査したうえでこれを認める」という内容になっている。そして「運用指針」では、平和貢献・国際協力の積極的な推進に資する場合、我が国の安全保障に資する場合には防衛装備品の海外移転が認められるとした。装備の種類としては救難、輸送、警戒、監視、掃海に関わるものが対象となる。

　なお令和4年3月の「運用指針」改正で、「国際法違反の侵略を受けているウクライナに対して自衛隊法第116条の3の規定に基づき防衛大臣が譲渡する装備品等に含まれる防衛装備の海外移転」も認められることとなった。

　日本がウクライナに供与した装備品は、防弾チョッキや鉄帽（ヘルメット）、地雷探知機、電話、医療機器、車両など攻撃能力のないものである。欧米諸国は対戦車ミサイル・ジャベリンや高機動ロケット砲システム・ハイマースなどを提供し、大きな戦果を挙げている。

表6-2

「防衛装備移転三原則」

第1原則：移転を禁止する場合の明確化
第2原則：移転を認め得る場合の限定並びに厳格審査及び情報公開
第3原則：目的外使用及び第三国移転に係る適正管理の確保

防衛装備移転のための基金設立

防衛産業のところでも述べたが、各国軍は独自の運用環境・要求を持っているので、装備品を移転するには、そのための修正・変更が必要となる。場合によっては、大幅な改造も視野に入る。日本も米国の装備を導入する場合には、米国で使用されているものをそのまま持って来ているのではなく、日本の運用要求や法令に合わせた仕様変更を行っている。

高価な装備品を十分に使いこなすためには、きめ細かいカスタマイズは欠かせない。本来的には、この経費は利用者（購入者）負担となるものだ。

しかしそんな杓子定規なことを言っていては買い手がつかないし、装備品が売れなければ防衛産業の基盤も強化されない。まして日本は、装備品の国際市場では新顔だ。

そこで「防衛生産基盤強化法」（２０２３年施行）では、安全保障の観点から装備移転が望ましい場合、仕様変更などに要する経費を国が助成することになった。具体的には同法の第18条は、海外向けへの仕様の変更などの費用を助成する基金に関する条文となっている。これは防衛装備品の海外移転を進めるに当たって、企業の負担を軽減することを目的としたものだ。

その具体的な運用指針は、「装備品等の開発及び生産のための基盤の強化に関する基本的な方針」に定められている。装備品移転に際して、移転先の実情に合わせた仕様・性能の変更・調整は、安全保障環境上の観点から必要なこととしている。これに要する費用を国が助成するものである。またこの指針では、「仮に装備移転仕様等調整を行った後、国際競争入札等において見込まれた装備移転が実現しなかった場合でも、装備移転仕様等調整に要した費用の返還を装備品製造等事業者に対して求めることはない」としている。

装備品の輸出に向けて、政府も制度面だけではなく資金面でも態勢を整えた。しかしこれは未だ必要条件に過ぎない。新参者である日本にとって、乗り越えるべき国際市場の壁は相当高いものと覚悟しなければならない。

2 次期戦闘機の共同開発

国家間駆け引きの「伏魔殿」

現在、日本の防衛産業が抱えている大きな装備品開発案件は、航空自衛隊が運用するF－2戦闘機の後継となる次期戦闘機開発だ。

一般的に航空機には先端技術が詰まっている上に、航空機産業は周辺産業への波及効果が大きい。さらに開発から生産・調達、能力向上（アップグレード）も含めると期間は数十年の長期にわたり、金額も日本円で兆単位となる。このため産業界にとって大きな関心であるばかりでなく、国産か輸入かという決定は国際問題にもなる。まして国際共同開発ともなれば、運用要求・開発資金負担・作業分担・工程管理を含めて各国政府や軍・関連企業も巻き込んだ駆け引きの伏魔殿と化す。これは万国共通だ。

性能について各国の運用要求の最大公約数を追求しようとしても、各国は少しでも自国の要求に近づけようと懸命になる。運用者（軍）にしてみると、装備品に命を預けることになるので、そう簡単に妥協できるものでもない。彼らにすると「弘法筆を選ばず」で行けなどとんでもないことで、「筆は選ぶもの」だ。

開発においても、どの国も経費は負担したくないが仕事（作業分担）は欲しい。また仕事も付加価値の低いものではなく、先端技術に関わるものを要求するのは人情だ。

あまつさえ性能や資金・作業分担で揉めていると、時間がかかって開発経費は上昇する。この上昇分の分担（責任の押し付け）を巡って各国間の再調整が必要になるという、悪循環に陥る傾向がある。

表6-3

ユーロファイターの調達機数削減

共同開発国と生産分担企業	当初予定の調達機数削減		最終合意した調達機数削減	
	削減率	調達機数比率	削減率	調達機数比率
英：BAe	▲7%	39%	▲7%	37.42%
独：DASA	▲44%	24%	▲28%	29.03%
伊：アエリタリア	▲27%	22%	▲27%	19.52%
西：CASA	▲13%	15%	▲13%	14.03%

註：最終合意した調達機数比率は、作業分担比率に等しい。BAeは現・BAEシステムズ、DASAとCASAは現・エアバス、アエリタリアは現・レオナルドである。

実際に欧州共同開発のトーネード攻撃機では当初6カ国（英・西独・伊・蘭・加・ベルギー）で始めた計画が、最終的には英・西独・伊の3カ国計画となった。さらに戦闘機型の開発では西独・伊が関心を示さず、英国単独で行った。かつての航空大国である英国の意地が感じられるが、それもカネが続く限りの話である。ただし各種合計で1000機近くが生産されたので、事業としては成功したと言える。

ユーロファイター戦闘機の場合は、もっと複雑だ。1983年に英・仏・西独・伊・西の5カ国計画で進められていたが、多用途戦闘機（英・西）と制空戦闘機（西独・伊）のどちらにするかで話がまとまらなかった。それ以外の要求性能でも各国の意見が一致せず、新たに英・西独・伊3カ国計画が1985年に立ち上げられた。後にスペインが3カ国計画に参加するが、自国製エンジンの採用にこだわるフランスは結局この計画には加わらず、単独でラファール戦闘機の開発を決定する。

しかし冷戦が終結し東西ドイツが統一されると、東側からの脅威が低下したうえに旧東ドイツのインフラ整備への財政負担に直面したドイツが、共同開発計画からの脱退を検討し始めた。これには各国政府やドイツの航空機工業界からの反対もあり、ドイツは計画に留まったが調達機数を減らすことを表明する。英伊西の3カ国も調達機数を減らすが、ドイツのそれは抜きん出ていた（表6－3）。

本来ならば、削減後の調達機数に合わせて作業分担を見直すべきだ。しかし作業分担の放棄を余儀なくされるドイツはそれを拒否する。ところが、支払い（調達機数）は減らしたいが、仕事はそのままにして欲しい、というのはさすがに虫がよすぎた。

結局ドイツは1998年に調達機数の削減率を28％に抑えることに合意し、それに合わせた調達機数比率に応じて各国の作業分担比率も決められた。同盟国との共同開発も、一皮むくと我田引水のぶつかり合いだ。

F－2の教訓：エンジンが「人質」に

F－2戦闘機について、日米共同開発となった経緯やその問題点に関しては、すでに多くの文献や資料が出ているので、大きな点を指摘するに留め、改めてここで詳しく述べることはしない。[*2] 各種文献などで指摘されている教訓は、大きく技術面・政治面・経済面に分けられる。

まず技術面では、炭素繊維系複合材を使った主翼の一体形成や世界で初めてとなるアクティブ・フェーズドアレイ・レーダーなど、当時の最先端技術の導入が試みられた。しかし開発段階で主翼に「ひび」「はがれ」が発生。その他の技術的不具合への対応もあり、開発期間が大幅に予定を超過した。また量産開始後には、レーダーの探知機距離が短いという問題も起きた。

このような事態は起こらない方がよいが、F－2に限らず最新技術の塊である航空機の開発では遅延がついて回る。ユーロファイターでは、運用開始が当初予定の1997年から2003年に延びた。F－35でも、2012年に予定されていた米国防省による初期運用能力の認定は2015年になった。民間機でもボーイングのB－787旅客機の初号機を全日空が受領したのは2011年で、当初予定から3年遅れている。

そして政治面であるが、開発計画に米国側から強い介入があったことは周知の通りだ。日本の単独開発から日米共同開発、最終的には米国の戦闘機（F－16）を日米共同で大幅に改造開発することで決着した。

開発だけでなく生産も日米共同となり、左翼と胴体後部は米国のロッキード・マーチンが生産した。このため国産化比率は60％と、皮肉なことにライセンス生産した戦闘機以下になった（表6－4）。

F－2の開発は日本主導で進んだものの、その方向性の決定は必ずしも日本主導とはならなかった。そうなった理由の1つに、日本のジェットエンジン開発力があった。

当時の日本では、石川島播磨重工業（現・IHI）がT－4練習機用のエンジンを自力開発したが、推力（馬力）はF－2のエンジンの5分の1程度だった。エンジンに関して当時の日本は、主力戦闘機に搭載するものを開発できる段階になかった。

そこでF－2開発では米国製エンジンの導入が前提となったが、この承認を米国側から取り付ける必要がある。何となくエンジンが「人質」になった感じだ。ユーロファイターでは、頑なに自国製エンジンの採用を主張したフランスが、開発計画に加わらなかったのはすでに紹介した。

ただし日本に限らず、戦闘機導入は国内外企業だけでなく、その背後にある各国政府も巻き込む政治問題となる。日本における過去の戦闘機選定でも、「米国製戦闘機のライセンス生産」の方針が事実上固まっていながら、巨額の資金が動く案件であるため否応なしに政治問題・国際問題化した。

F－2の教訓：失敗に寛容であれ

経済面では、開発費用と機体価格が予定を大きく上回った点が挙げられる。開発費用に関しては、当初1650億円の予定だったものが最終的に3600億円に膨らんだ。また80億円を予定していた機体価格も110億円を超えた。

＊2　ここでは以下の3冊を挙げておく。神田國一『主任設計者が明かすF－2戦闘機開発——日本の新技術による改造開発』（並木書房、2018年）、手嶋龍一『ニッポンFSXを撃て——日米冷戦への導火線・新ゼロ戦計画』（新潮社、1991年）、大月信次・本田優『日米FSX戦争——日米同盟を揺るがす技術摩擦』（論創社、1991年）。

航空機の開発では、開発費用や1機当たりの価格は、ほぼ例外なく当初予定額を上回っている。だからといってF－2も免責されるわけではないが、高度の先進技術が詰まっている上に、政治的な影響が逃れられない案件では、予測通りに物事が運ばないことは容易に想像がつく。

F－2の開発では、米国による飛行制御プログラム提供が当初合意されていた。しかし開発の最中、にわかに生じた米国議会の反対によりプログラムの開示が見送られた（1989年）。

なおこの背景には、先に述べた対共産圏輸出規制違反の「東芝機械事件」があったことも忘れてはならない。この事件は、2年前の1987年に発覚している。当時の米国では、世界を席巻しつつあった日本の経済力への警戒心とともに、安全保障に関する日本の認識が甘いとの不信感が募っており、米国議会の反応もそれと無縁ではなかった。

こうして日本は独自に飛行制御プログラムの開発を始めたが、作業工数は増えて計画も遅延する。開発経費増加の大分部分は、こうして生じたものだ。

むしろ気になるのは、性急に成果を求める傾向が強くなっている点だ。「タイパ」という言葉が生まれたように、このところ日本ではあまりに時間選好が強くなっている嫌いがある。

F－2の場合は2000（平成12）年の部隊配備直後、「経費上昇」「電子機器の初期不良」などが報じられた。このため一時は、F－2に対して厳しい評価も少なくなかった。なおF－2の技術的問題は、技術陣の努力によりすべて解決されている。

「税金を使っているから失敗は許されない」というのは、経済学的に全く間違っている。税金

表6-4

航空自衛隊戦闘機の国産化比率推移

機種	F-86	F-104	F-4	F-15	F-2	F-35
生産形態	ライセンス国産	同左	同左	同左	共同生産	国内組み立て
時期	1950年代	1960年代	1970年代	1980年代	1990年代	2010年代
国産比率	60%	85%	90%	70%	60%	0%＜
輸入部品比率	40%	15%	10%	30%	40%	＜100%

註：輸入備品費率にはブラックボックス分を含む。航空自衛隊で使うF-35には限定的ながらに日本製部品が使われている。

出所：Michael Green, *Arming Japan: Defense Production, Alliance Politics, and the Postwar Search for Autonomy* (New York: Colombia University Press, 1995), p.33から作成。

を使った政府の事業では、「民間企業では負担できない」予見不確実性などのリスクを負うことができる。官民はこうした補完関係にある。

明治の殖産興業でも官営工場の形で政府がリスクを負い、事業が軌道に乗った時点で民間に払い下げられた。現在の宇宙開発も政府関係機関（宇宙航空研究開発機構：ＪＡＸＡ）が主体となって技術や経験を蓄積し、少しずつ民間の参入機会を広げている。

だからといって、政府の事業が野放図でよいわけではない。ただ軍用であれ民生用であれ、失敗に対して寛容でないと技術は育たないことは銘記すべきだ。

英伊は頼れる相棒だが……

次期戦闘機の開発計画は「グローバル戦闘航空プログラム（ＧＣＡＰ：Global Combat Air Programme）」と呼ばれている。このＧＣＡＰに関する3カ国の調整機関として、ＧＩＧＯ（GCAP International Government

Organisation）が英国に設置される。ＧＩＧＯは3カ国間の調整機能に加えて、ＧＣＡＰの実施機能も有している。ＧＣＡＰに参画する防衛関連企業は、ＧＩＧＯの下で各装備品の開発に当たることになる。

ＧＣＡＰそのものは、大きく機体・エンジン・電子機器の3つに分けることができる。それぞれにおいて主体となる企業が、日英伊の3カ国で表6－5のように決められている。英国とイタリアは、これまで互いに各種防衛装備品の共同開発の経験を有している。日本についてはＩＨＩがロールス・ロイスと民生用ジェットエンジンの共同開発を行ったり、同社製船舶用ガスタービンのライセンス生産を請け負うなどの関係にある。第5章で述べたように、ＩＨＩで開発された技術は次期戦闘機のエンジンにも適用される見込みだ。

ところで映画「風立ちぬ」（２０１３年）の主人公は、三菱重工の設計技師・堀越二郎がモデルだ。また映画「紅の豚」（１９９２年）の主人公の愛機は、現在はレオナルドとなっているアエルマッキが製造したものだ。宮崎駿監督の映画に登場した両社が、次期戦闘機の開発で手を組むことになる。

イタリアのアヴィオについても簡単に紹介しておこう。イタリアの航空機エンジンの歴史は、自動車メーカーのフィアットが１９０７年にトリノで航空機用エンジンの開発・製造を始めたことに遡る。１９６９年に他の航空関係メーカーと合併して、航空宇宙の専業メーカーとして国有企業アエリタリアが設立される。その後も政府主導で同社を軸に航空機用エンジン事業の集約化が進み、２００３年に社名をアヴィオに改めた。

現在はジェットエンジン、船舶用ガスタービン、宇宙ロケットの分野では、イタリアの独占企業的な存在だ。なおアヴィオの株式の28％はレオナルドが保有している。

表6－5から見えてくるのは、日英伊の3カ国共同開発といいながらも、英国（BAEシステムズ、ロールス・ロイス）とイタリア（レオナルド）の存在感である。すでに述べてきたように、英国やイタリアでは政府主導による防衛産業の集約化が進められた。

表6-5

GCAPで開発主体となる企業

分 野	各国主体企業	防衛部門売上高
機体	三菱重工業	39億ドル
	BAEシステムズ	298億ドル
	レオナルド	124億ドル
エンジン	IHI	8億ドル
	ロールス・ロイス	63億ドル
	アヴィオ	－－－－
電子機器	三菱電機	11億ドル
	レオナルドUK	(124億ドル)
	レオナルド	(124億ドル)

註：防衛部門売上高は2023年のもの（IHIの値は2022年）。アヴィオの値は不明。
レオナルド UKはレオナルドの英国法人。
出所：「SIPRIデータベース」

これに対して日本の防衛産業は小規模分散化したままで、各企業にとっては「副業」のままだ。また長期にわたって武器の輸出や海外での防衛装備品開発・生産に関わってこなかった。このため3カ国は国防支出の規模では大きな差がないものの、単体の企業の防衛関連売上規模では大人と子供以上の大きな格差がある。

個々の技術力では日本も引けを取らないとしても、国境を跨いだ共同開発の経験では英伊両国は日本のそれを遥かに上回る。日本ではF－2の苦労話が「伝説」

のように語り継がれるが、逆に言うと考え方や文化的背景の違いを、防衛装備品の開発現場が大きく振り回された例はこれだけである。

英国やイタリアは政府（や議会）も企業も、それを幾度となく経験している。両国は表6－5の数字で見ると頼りになる相棒であり、彼らの経験から日本が大型案件の開発運営手法などでも得るところも多いことは間違いない。ただし彼らは、手ごわく老練な交渉相手という側面も持ち合わせている。

3 政府安全保障能力強化支援（OSA）

OSA誕生の経緯と考え方

2022（令和4）年12月に閣議決定された「国家安全保障戦略」の中に、「同志国の安全保障上の能力・抑止力の向上を目的として、同志国に対して、装備品・物資の提供やインフラの整備等を行う、軍等が裨益者となる新たな協力の枠組みを設ける」とある。

そして2023年4月に、「政府安全保障能力強化支援（Official Security Assistance：OSA）」の導入が国家安全保障会議の9大臣（首相、副総理、官房長官、外務、防衛、総務、財務、経

表6-6

政府安全保障能力強化支援(OSA)の内容

法の支配に基づく平和・安定・安全の確保のための能力向上に資する活動	領海や領空等の警戒監視、テロ対策、海賊対策等
人道目的の活動	災害対処、捜索救難・救命、医療、援助物資の輸送等
国際平和協力活動	PKOに参加するための能力強化等

出所:外務省「政府安全保障能力強化支援の概要」(2023年4月)

産、国交、国家公安)会合で決定された。これは日本にとって望ましい安全保障環境創出のため、同志国の抑止力を向上させることを目的としたものだ。

開発途上国の経済社会開発を目的とする制度としては政府開発援助(ODA)があるが、これは民生部門への支援を対象としている。OSAは同志国の安全保障上の要望に応え、軍への資機材の供与やインフラの整備などを行うための、無償による資金協力の枠組みである。

OSAは開発途上国や紛争後の復興途上にある同志国を対象にしており、これらの国が自らの安全保障を確保し、地域の安定を図る能力を強化することを目的としている。

このような考え方が生まれた背景には、地球規模での安全保障環境を維持し平和と安定を促進するためには、開発途上国や紛争後の復興途上にある国が治安を維持し、テロや紛争、自然災害などの脅威に対処するための能力を強化することが欠かせないという現実がある。その内容は、大きく3つに区分される(表6-6)

なおＯＳＡの実施に当たっては、留意事項として以下の点が挙げられている。まず防衛装備に当たるか否かを問わず、「防衛装備移転三原則」及び同運用指針の枠内で協力を実施すること。また案件ごとに国際約束を締結したうえで、情報公開の実施し、評価・モニタリングとその結果を開示する。さらに目的外使用の禁止を含む適正管理を行い、国連憲章の目的及び原則との適合性を確かなものにする。

こうすることで、適正性及び透明性を確保されなければならないとしている。また実施に当たっては、「国家安全保障局、外務省、防衛省等が連携する」とされている。[*3]

これまでのＯＳＡの実績

ＯＳＡの制度ができる前には、日本はＯＤＡの枠組みでベトナムやフィリピンに対し巡視船艇や沿岸監視レーダーを始めとする機材供与、専門家派遣や研修による人材育成などを行ってきた。また防衛装備品では２０１７（平成29）年３月には、「防衛装備移転三原則」に基づいて、海上自衛隊のＴＣ－90練習機２機がフィリピン海軍に貸与された。その後に機数は５機に増え、形態も「貸与」から「自衛隊法」116条の３に基づく「無償供与」となった。[*4]

フィリピン海軍ではこうして入手したＴＣ－90を使って、中国の警備艦や漁船が行動する南シナ海の洋上監視を行っている。これなどは正に、「同志国の安全保障上の能力・抑止力の向上」に貢献している例だ。

ＯＳＡができたことで、日本の軍事関係の国際協力・支援は表６－７のように整理される。２０１２年にソフト面（人材育成・技術支援）での支援として、「能力構築支援」を実施している。人道支援・災害救援、国連平和維持活動（ＰＫＯ）、艦船整備、衛生、軍楽隊育成、航空救難、防衛医学、サイバーセキュリティなどにおいて、セミナーや実習、技術指導、教育・訓練の視察や意見交換を実施している。

ハード面（装備品移転・開発）ではすでに述べたように、２０１４年に「防衛装備移転三原則」が決定された。

そして２０２３年にＯＳＡが発足した。ＯＳＡはその趣旨から、ハード面（資機材やインフラ）において同志国の能力・抑止力向上を目的としている。ＯＳＡが発足した２０２３年度の

＊３　国家安全保障会議「政府安全保障能力強化支援の実施方針」（２０２３年４月５日）。

＊４　「自衛隊法」１１６条の３：「防衛大臣は、開発途上にある海外の地域の政府から当該地域の軍隊が行う災害応急対策のための活動、情報の収集のための活動、教育訓練その他の活動（国際連合憲章の目的と両立しないものを除く。）の用に供するために装備品等（装備品、船舶、航空機又は需品をいい、武器（弾薬を含む。）を除く。以下この条において同じ。）の譲渡を求める旨の申出があつた場合において、当該軍隊の当該活動に係る能力の向上を支援するため必要と認めるときは、当該政府との間の装備品等の譲渡に関する国際約束（我が国から譲渡された装備品等が、我が国の同意を得ないで、我が国との間で合意をした用途以外の用途に使用され、又は第三者に移転されることがないようにするための規定を有するものに限る。）に基づいて、自衛隊の任務遂行に支障を生じない限度において、自衛隊の用に供されていた装備品等であって行政財産の用途を廃止したもの又は物品の不用の決定をしたものを、当該政府に対して譲与し、又は時価よりも低い対価で譲渡することができる。」

表6-7

日本の軍事関係の国際協力・支援

	名称	開始年	協力・支援内容
ソフト	能力構築支援	2012年	安全保障・防衛関連分野での人材育成や技術支援
ハード	防衛装備移転	2014年	武器・武器技術の移転
	OSA	2023年	資機材の供与、インフラの整備

表6-8

2023（令和5）年度のOSA実績

OSA提供先	案件名	金額
フィジー	警備艇等供与	4億円
マレーシア	警戒監視用機材供与（救難艇など）	4億円
バングラデシュ	警備艇供与	5.75億円
フィリピン	沿岸監視レーダーシステム供与	6億円

出所：外務省ホームページより作成。

実績は、表6－8にある4件である。インド太平洋地域の国に対して供与されており、地理的な特性も反映して、すべて海洋の安全保障に関わる案件となっている。

インド太平洋地域の安全保障環境に鑑み、この種の支援は今後増加するであろう。またハード面の支援では、日本の装備品が我が国とは異なる運用環境で用いられることになる。こうした実績の積み重ねは、将来の装備品開発にとって貴重な経験となる。

第7章

防衛産業の新傾向と展望

防衛産業と言えば、これまでは車両・艦艇・航空機・火砲・弾薬などを生産する重厚長大型の製造業だった。しかし近年では軍の活動領域は、陸海空といった三次元空間に留まらず、宇宙やサイバー空間・電磁波領域へと広がりを見せている。今日ではインフラへのサイバー攻撃、宇宙空間での衛星攻撃が現実の脅威となっており、従来の防衛装備品・技術では対応しきれない場面も増えている。

そうなると軍と産業の関係も新しい段階に入る。ＩＴや宇宙関連の企業などが、これまでとは異なる形で軍事・安全保障に関わってくる。しかしそこには、従来から存在が指摘されていながらも未解決のまま放置されている課題も垣間見える。

1 新しい戦いと新興企業の躍進

無人機という新たな脅威

各国の軍隊では無人機（ドローン）の開発・導入が進んでいる。技術の進歩により、高機能の無人機が手軽に利用できるようになった。

これまで無人機は、訓練用標的や偵察用に利用が拡大してきた。役割としては「裏方」的なものが中心だった。

ところが2019年9月、イラン政府の支援を受けたイエメンの反政府組織フーシー派が、自爆型軍用無人機18機と巡航ミサイル7発でサウジアラビアの石油プラントを攻撃した。これによりサウジアラビアの原油輸出量が1日当たり570万バレル減少し、完全復旧までに3週間近くを要している。この減少幅は世界の石油生産の5%、日本の輸入量（1日約300万バレル）の2倍弱に相当する。無人機が世界経済を揺るがすまでの力を発揮した。

そして2022年2月に始まったロシアによるウクライナ侵攻では、無人機は戦況の鍵を握る主役に躍り出る。軍用無人機のみならず民生用無人機も膨大な機数が投入され、手榴弾や手製の簡易爆弾を戦車や塹壕に投下している。

軍用無人機には手のひらサイズから、翼幅40メートルで人工衛星を介して操縦するものまである。今後は軍において無人機は二分化され、ハイローミックス（高価格高機能と低価格低機能の併用）の運用になると思われる（表7－1）。そのうち低価格の無人機は多数による同時攻撃（飽和攻撃・スウォーム攻撃）に適している。

「ハイ」の例に、米国が運用するRQ－4グローバルホーク（第2章参照）や、アフガニスタンで対タリバン攻撃に用いられたMQ－1プレデターやMQ－9リーパーがある。[*1] トルコのバ

＊1　日本では海上自衛隊と海上保安庁がMQ－9を、航空自衛隊がRQ－4を運用している。

表7-1

無人機の二分化

ハイ（有人機を補完・代替）	単独運用	偵察、対地・対艦攻撃
	有人機との編隊	空中戦、対地・対艦攻撃
	無人機のみの編隊	同上
ロー（低価格・機能限定）	単独/ゲリラ的運用	偵察、爆発物投下、自爆攻撃
	集中運用	スウォーム攻撃

イラクタルTB2（第4章参照）もこれに当たる。

さらに有人戦闘機との連携運用を視野に入れた無人機もある。X－45（米：ボーイング製）、XQ－58（米：クラストス製）、nEUROn（仏：ダッソー・アビアシオン製）、タラニス（英：BAEシステムズ製）、MQ－28（豪：ボーイング・オーストラリア製）などだ。これらはすべて試験機だが、中国のGJ－11（第4章参照）は量産・配備されている。

「ロー」の無人機は、民生用とほぼ同じである。オーストラリア軍が開発してウクライナに提供している無人機コルボPPDSは、段ボール製のためレーダーに映りにくいという利点を持つ。この種の無人機は、熟練した兵士でなくても（一般市民でも）操作が可能だ。

ウクライナの戦場では、ラジコン飛行機のような無人機がハイテク戦車に襲いかかって行動不能に陥れている。これは中世における火器・火縄銃の出現で、「高貴な出の重装騎兵を下劣な賤しい生まれの者の思うままに」されたことを想起させる。*2

「ロー」の無人機は町工場でも生産できる。実際にロシアのカラシニコフは、戦場からの需要に応えるためにショッピングセンターを改装した工場で無人機生産を始めたことは先にも述べた。ロシア全土での生産数は、月産10万機に達するとも見られている。

ロボコンから戦場へ

無人機の開発・運用では、中国が急速に実績を積み上げている。そもそも民生用無人機では世界市場ランキングの上位に中国企業が入っている（表７－２）。世界の民生用無人機の４割は中国製だ。ＤＪＩ製の無人機は、ウクライナの戦場ではウクライナ・ロシアの双方が軍用として使っている。

ＤＪＩはＩＴ関連企業が集積する深圳《しんせん》に本社を置く。同社の創業者・汪滔《ワンタオ》社長は、学生時代に「ＡＢＵロボコン２００５」に参加しており、チームは敢闘賞を獲得している。

ＤＪＩ製の民生用無人機は、一時期世界市場の７割近くを占めた。米国でのシェアも８割近くにまで達し、警察などを含め広く導入されていた。日本でも民生用はもちろん、海上保安庁などの政府機関も使っていた。ただし米国の国土安全保障省が、２０１９年に中国製無人機に懸念を表明したことから、西側諸国での利用は急速に減少した。

＊２　マイケル・ハワード『ヨーロッパ史における戦争』〔奥村房夫・奥村大作訳〕（中公文庫、２０１０年）35頁。

日本でもSUBARUなどが防衛関連無人機を、また民生用では大手機械メーカーや新興のスタートアップも開発・製造を行っている。さらに商社は海外メーカーの無人機を日本向けに輸入している。民生用の無人機は、空撮、測量、設備点検、警備、農業（農薬散布）などの用途向けが実用化されており、今後は物流などにも広がるであろう。

「ロー」の無人機は軍民両用の製品であること、また新規参入障壁が低いことが特徴だ。米国ではインテル、日本でもソニーがグループとして無人機市場に参入した。2021年7月23日の東京オリンピック開会式で、夜空に立体電光画像を描いた1824機の無人機はインテル製だ。フランスのパロット（表7－2）やウクライナで活躍したトルコのバイカル（第4章参照）は、もともとは自動車部品のメーカーだった。

ウクライナではロシアによる侵攻以降、個人経営の工房のようなところでも軍用に無人機が生産されており、その数は首都キーウだけでも200にのぼると見られている。無人機の防衛分野での利用拡大に伴い、防衛産業の裾野は飛躍的に広がるだろう。

表7－2

民生用無人機（ドローン）の世界シェア

（2022年8月）

DJI	中国	36.2%
パロット	フランス	24.1%
スカイディオ	米国	20.4%
3Dロボティクス	米国	10.7%
ケスプライ	米国	3.7%
ユニーク	中国	3.6%
デルエアー	フランス	1.0%
オーテル・ロボティックス	米国	0.3%

出所：ディールラボ・ホームページ〈https://deallab.info/drone/〉より作成。

宇宙を狙う新興企業

かつて宇宙開発は国家事業だった。特に1950〜60年代は、米ソの宇宙開発には国家の威信がかかっていた。したがって21世紀の初めまでは、宇宙ロケットの生産は国を代表する大企業が担っていた（表7－3）。

米国では、初期の宇宙開発計画（マーキュリー計画）のロケットは自動車メーカーとして有名なクライスラー製が中心だった。これがアポロ計画になると、米国の航空宇宙大手企業が総動員される。また欧州ではフランスを中心に航空宇宙産業はエアバスに集約され、その関連企業であるアリアングループがロケット開発を行っている。

日本でも宇宙開発事業団（NASDA：当時）はN－I、N－II、H－Iロケット開発時にダグラスのロケット技術を導入し、三菱重工が製造した。[*3] ただ東京大学宇宙航空研究所が開発した観測ロケットは、日本独自の技術で日産自動車が製造したものだ。[*4] 自動車メーカーがロケットを作っていた辺りは米国と同じだ。その日産自動車は自動車事業に経営資源を集中させるため、2000（平成12）年にロケット部門を石川島播磨重工業（現・IHI）に移管している。

宇宙開発が始まって以来、主要国は画像や電波による情報収集衛星、弾道ミサイルなどの発射を感知する早期警戒衛星、位置情報を提供する測位衛星、通信衛星などを運用してきた。近

＊3　一部の技術はブラックボックスの形で提供されたため、日本には開示されなかった。

表7-3

米国・フランス・日本の大手ロケット製造業

米国	ボーイング(旧:ダグラス、マクドネル、ロックウェル、ノースアメリカン)
	ロッキード・マーチン(旧:マーチン・マリエッタ、コンベア)
	クライスラー(後に事業撤退)
フランス	エアバス(アリアングループ、旧:アエロスパシアル)
日本	三菱重工業
	IHI(旧:日産自動車)

年では衛星攻撃衛星や対衛星ミサイル、衛星と地上局間の通信を妨害する電波妨害装置や、衛星の破壊を目的としたレーザー兵器なども開発が進んでいる。

国家主導で技術が確立されるようになると、民間主導に切り替えるのが合理的だ。ここで「合理的」というのは、収益の期待値がリスクによる負の期待値を上回るようになったので、収益性を基準とした資源の効率的配分がなされるということだ。明治の殖産興業では官営工場として国が幼稚産業のリスクを負い、事業が軌道に乗ると民間に払い下げたのと同じことが、宇宙開発でも起きているわけだ。

米国のレラティビティ・スペースは三次元プリンターで宇宙ロケットを製造する技術を持ち、製造コストの大幅削減に成功している。インドなどでも小型衛星打ち上げを専門とする企業が現れている。

こうした中で存在感を誇るのが、実業家イーロン・マスクが設立したスペースXだ。同社は創立が2002年と社歴は20年程度に過ぎないが、もはや「新興」とは言えない規模の会社となった。その子会社スターリンクは、スペースXが打ち上げた小型衛星で衛星インターネットを提供している。

ロシアが侵攻を開始した2日後、ウクライナのフェドロフ副首相兼デジタル転換相によるSNSを通じた要請を受け、スターリンクはウクライナで衛星インターネットサービスの無償開放を行った。その内容とともに、対応の素早さが世界を驚かせた。

ウクライナ軍はスターリンクを使って、ドローン偵察部隊と砲兵部隊の連携を図っていると報じられている。さらにウクライナ軍は、米国企業クリアビューAIから無償提供されたAI技術を使い、SNS投稿などから集めた顔写真データを用いて戦死したロシア兵を特定している。この情報をロシア兵の家族や友人に伝え、報道統制が敷かれて戦争被害が公とならないロシアでの厭戦《えんせん》感情を煽っている。

またウクライナ軍は傍受したロシア兵の会話を、米国企業が提供したAIが文章に書き起こして翻訳し、必要な部分を抜き出して作戦に役立てている。これらのデータ通信もスターリンクが担っていると見られている。

日本でも、北海道大樹町でロケットを打ち上げたインターステラテクノロジズや、和歌山県で打ち上げを試みているスペースワンなどの企業が育っている。このような新興企業が近い将来、「宇宙」という切り口で軍事・安全保障で大きな役割を果たすことになる。

＊4　東大宇宙航空研究所は、1981（昭和56）年に文部省宇宙科学研究所となり、2003（平成15）年にNASDAなどと統合されて宇宙航空研究開発機構（JAXA）が設立された。

2

サービス業としての防衛産業：民間軍事会社（ＰＭＳＣ）の台頭

腕に覚えのある者たち

１９８０年代から西側で進められた「行政の民営化」の一環として、軍も戦闘任務以外では積極的に民間委託を進めた。補給・整備（兵站《へいたん》）などは、古代・中世から軍は出入りの商人（酒《しゅ》保《ほ》商人）に頼っていたが、現代ではより組織化され大掛かりになった。

そもそも現代では、軍において戦闘部門の人的割合が小さくなっている。米国陸軍の場合、歩兵師団（兵員数約１・５万人の部隊）での戦闘部門兵士の割合は、第１次大戦時で53％だった。これが第２次大戦では39％に下がり、ベトナム戦争で35％、そしてイラク戦争では28％となった。[*5]

部隊は機械化され、高度な電子機器が武器に装備されているので、燃料の輸送や装備品の維持整備には大変な労力を要する。戦闘能力の発揮に必要となる後方支援部門は、装備の高度化と任務の多様化に伴い質量ともに比重が高くなる。

イラク戦争（２００３年）後の安定化作戦では、輸送や警備などに多くの民間企業が動員された。現地では治安状況が不安定だったことから、これら企業は武装したうえで輸送車列や施設・設備の警備を実施した。

軍事に関する専門知識・技量を活用して軍の役務を請け負う企業を、民間軍事会社（ＰＭＳＣ：Private Military/Security Company）と呼んでいる。欧米には民間機として登録された用廃済み軍用機を使って仮想敵飛行隊（アグレッサー部隊：第２章参照）を編成し、空軍部隊の訓練相手となるサービスを提供している企業が存在する。その中には在日米軍基地に来て、米空軍部隊の訓練相手となっているものもある。

こうした後方支援部門のサービスを請け負う企業とは別に、戦闘任務をサービスとして提供するＰＭＳＣも現れる。きっかけとなったのは、１９９１年12月のソ連崩壊だ。

供給側では、冷戦終結とソ連崩壊で軍が縮小され、失職した元軍人と廃棄された武器や装備品が市場に流れ出した。同時に需要側の要因もあった。政情不安な状態が続くアフリカでは、特殊部隊経験者など「腕に覚えのある」「一騎当千」の兵士は引く手あまただった。また冷戦期にソ連の軍事援助を受けていた関係で旧ソ連製（旧ソ連規格）の武器が多く、操作に慣熟した旧ソ連兵の需要は高かった。

ロシア政府自身も１９９０年代前半からＰＭＳＣを活用し、正規軍が表立って行うことがで

＊５ John J. McGrath, "The Other End of the Spear : The Tooth-to-Tail Ratio (T3R) in Modern Military Operations" *The Long War Series Occasional Paper 23* (Fort Leavenworth, KS : Combat Studies Institute Press, 2007), pp.13, 19, 31, 52.

きないような任務（攻撃任務を含む）を担わせた。これらは非合法ながら政府と密接な関係にあり、「プーチン大統領の私兵」と揶揄されている。中でも有名なものが、元ＧＲＵ（ロシア連邦軍参謀本部情報総局）のウトキン中佐や新興財閥のプリゴジンらが設立したワグネル・グループだった。

２０１４年３月のロシアによるクリミア侵攻では、ウクライナ軍の移動妨害や放送局接収にＰＭＳＣが投入され、反政府活動の扇動放送やウクライナ軍兵士に向けた戦意喪失の放送工作も行っている。ワグネル・グループも最初の頃は弾薬庫爆破といった破壊工作や、地域住民への威嚇・脅迫などを行っていたが、２０１５年に入ると攻撃任務を担当するようになった。

２０２２年のウクライナ侵攻では英国筋の報道によると、ワグネルは４００名の戦闘員をウクライナに派遣して、ゼレンスキー大統領や閣僚、キーウ市長など20数名の暗殺を試みている。２０２２（令和４）年３月以降、日本政府が実施している資産凍結の対象個人・団体に、ワグネル・グループ（ワグナー）のほかにウトキン、プリゴジンの両氏が指定された。ただしこの２人は、２０２３年８月の飛行機墜落事故で死亡した。

ただロシアでは依然として、傭兵型のＰＭＳＣが活動している。ロシアにはフランス外人部隊の経験者が４０００人近くおり、潜在的なＰＭＳＣの「社員」は10～15万人近くいるという。ワグネル・グループは経営幹部の死亡で事実上崩壊したが、傭兵派遣的なＰＭＳＣは10～15社あるともいわれており、プーチンは「私兵」の代わりには困らない。

「体で稼ぐ」から「頭で稼ぐ」業態へ

後方支援のサービスを提供するＰＭＳＣでは、イラク戦争やその後の安定化作戦時の過剰防衛や水増し請求などの問題が頻発し、米国内はもとより国際的にも強い非難が湧き起こった。そして傭兵型のＰＭＳＣに関しては、傭兵そのものが国際法では保護の対象となっておらず事実上禁止されている。*6

こうしたことから西側諸国では、ＰＭＳＣは火器の使用が認められている地域での合法的な武装警備や、軍事的専門知識を活かした危機管理コンサルティングへ軸足を移している。この傾向は、海賊対処において一足先に現れた。

海賊対処において一部のＰＭＳＣは、事前対処としての「情報提供」「対策指導・訓練」、事態対処としての「警戒・警備」、事後対処としての「被害対応」など、総合的な危機管理を行っている。被害対応では人質の解放折衝、身代金の交渉、盗難船舶や貨物の奪還、報道対応や被害者家族への精神面での支援などを含んでいる。

陸上での警備活動にも同じ動きが広がっている。オリンピックやＦＩＦＡワールドカップ、

＊6　「ジュネーヴ諸条約 第1追加議定書」（１９７７年）、「傭兵の募集、使用、資金供与及び訓練を禁止する条約（傭兵禁止条約）」（１９８９年）。

万国博覧会など大規模イベントでの警備（対策指導・訓練を含む）がその典型だ。２０１４年のＦＩＦＡワールドカップ・ブラジル大会では、熱狂的なサッカーファンが世界中から集まることもあり、一部の警備員は自動小銃に防弾チョッキといった「重武装」で待機した。動員された民間警備員は誘導員・手荷物検査要員なども含めると約16万人で、陸上自衛隊の定数（約15万人）を上回る。

単に警備要員を提供するだけではなく、多国籍ＰＭＳＣが世界を股にかけて永年積み上げた経験・ノウハウを伝授している。

最近では多国籍企業が、外国で大規模災害・感染爆発（パンデミック）や暴動・政情不安などが発生した場合の職員の避難・出国の計画立案や事業継続の相談を受ける例も増えている。日本の大手損害保険会社にも、ＰＭＳＣと提携した商品を扱っているところがある。彼らの顧客は企業に限られず、防衛や治安を担当する政府機関なども含まれている。

こうしたサービスには、武器運用の経験は必ずしも求められない。西側先進国では、ＰＭＳＣは「体で稼ぐ」から「頭で稼ぐ」業態へと変貌している。そうなると異業種からの参入も視野に入る。実際に大手会計事務所・経営コンサルティング企業が、危機管理コンサルティングに進出している。

ＰＭＳＣは多様化し、業界風土も大きく変わるだろう。

3 ソフトウェア主導の装備品開発

主役はハードウェアからソフトウェアへ

防衛装備品はソフトウェアで制御される。その性能はハードウェアとしての出来具合よりも、ソフトウェアの完成度によって大きく左右される。これについて航空自衛隊の技術幹部（技術開発を任務とする幹部自衛官）が、「必ずしも正確ではありませんが」と断ったうえで、戦闘機開発を例に面白い話を紹介している。*7

「ちょっと昔、スープラとか2000GTのようなスポーツカーが求められていましたけれども、これからはプリウスのように走行性能よりは内装・電子装備品が重視されている車が求められてきた、といった感じです」「トヨタが日本電装（引用者註：株式会社デンソーを指す）に対して『このような車体を開発するので構成品を作ってくれ』という開発形態から、日本電装がトヨタに対して『このような電子装備品を開発したから、この能力が発揮できる車体を設計してくれ』と指示する関係への変化、と捉えることができるかもしれません」

*7 今福博文「航空自衛隊の技術開発について——航空防衛戦略の観点から」『戦略研究』第29号（2021年10月）7頁。

防衛装備品開発における主客転倒である。

もちろん実際の戦闘機開発において、電子装備品メーカーが航空機メーカーにあれこれ指図することはない。しかし近年では戦闘機性能の優劣が、空力特性よりはレーダーやセンサから得られる情報の処理能力に大きく依存しているのは確かだ。

さらに言うと空力特性も、機体の形状もさることながら飛行制御プログラムに左右される。かつてはパイロットが操縦桿・ラダーペダルを通して直接機体（補助翼・操舵翼）を操縦していたが、これでは人間の操作精度や認知力、即応性や微妙な操作の限界に直面する。

ところが現代では、パイロットの操縦桿などの操作量は電気信号化され、各種センサからの情報とともに一旦コンピュータに集められる。[*8] それらを受けて飛行制御プログラムが機体の動きに関する最適値を弾き出し、電気信号として各補助翼・操舵翼に伝える。こうして人間の操作精度や認知範囲を超えた飛行制御が可能となる（フライ・バイ・ワイヤ）[*9]。

この方式は民間航空機にも取り入れられている。飛行制御だけではなくエンジンの出力調整も、「人間の操作とセンサの情報」をコンピュータで処理してエンジンに伝わっている。

このような制御は最近の自動車と同じだ。運転者が操作するアクセルはエンジンと直接繋がっておらず、間に電子制御装置（コンピュータ）が入る。運転者によるアクセルの踏み込み具合、センサからの速度・エンジン回転数・冷却水温・吸気流量などの情報は、一旦電子制御装置に入力される。そこでソフトウェアが計算したエンジン出力（燃料噴射量・点火タイミング）

やギアポジションの最適値がエンジンと変速機に伝えられる。

軍用機の場合を例に出したが、この傾向は陸海空の防衛装備品一般に当てはまる。センサやコンピュータなどで構成される電子機器、それを制御するソフトウェアが装備品性能の鍵を握っている。

第6章で述べたように、米国側がF－16の飛行制御プログラムの提供を渋った理由もここにある。そしてこれを最終的に自力開発せざるを得なかった日本は、大変貴重な経験を積むことができた。正に「塞翁が馬」であるが、授業料は高くついた。

人工知能（AI）が拓く境地

防衛装備品はソフトウェアで制御されるが、それに人工知能（AI）や機械学習アルゴリズムを組み込むことで、装備品の自律性、敵の行動予測、リアルタイムな意思決定が可能となり、戦場での即応性が向上する。また人的被害の抑制も期待できる。こうしたことから、軍においては今後一層のAI活用が見込まれる。防衛省もAIの一層の活用に向けて、2024年7月にAI活用の方針となる「防衛省AI活用推進基本方針」を策定したところだ。

＊8　センサから入力される情報は、機体の姿勢、加速度、回転速度、空気圧、エンジンの稼働状況など。
＊9　（公財）航空機国際共同開発促進基金【解説概要21－1】「フライ・バイ・ワイヤの技術動向」。

2022年2月にロシアの侵攻を受けたウクライナや、2023年10月に始まった、パレスチナ・ガザ地区を実効支配するイスラム組織ハマスとイスラエル軍との衝突では、AIが多く使われている。ただウクライナやガザ地区でのAI利用は、それが武器や防衛装備品に組み込まれたものに限らない。

例えばウクライナ侵攻においては、ウクライナ軍はAI関連企業の助けを借りて、無人機の制御、各種情報分析、攻撃目標の選定、ロシア軍が犯した戦争犯罪の証拠収集などを行っている。これにはウクライナ企業だけではなく、西側企業が支援している。さらにロシア・ウクライナの双方が、AIを使った偽情報・偽画像などを拡散している。これはハイブリッド戦の一環であり、市販されているスマートフォンで十分対応可能だ。

またガザ地区では、イスラエル軍が「ラベンダー」というAIシステムで住民の中からハマスの戦闘員を攻撃対象として割り出している。また建物特定用のAIシステム「ハブソラ」も使われている。

AIを搭載したシステムは、戦場における膨大なデータを即時に分析し、敵の行動を予測する能力を提供する。こうすることで迅速な対応だけでなく、予防的な戦略も可能となる。例えばAIを利用して敵の動向や通信を解析し、サイバー攻撃や物理的な攻撃の兆候を事前に察知することで、効果的な防御態勢をとることも可能となる。

このようなシステムを開発する企業は、別に防衛関係に特化していない。むしろ優れた民生用技術が軍事転用されている場合がほとんどだ。画像認識技術は、日本電気（NEC）や日立製作所などの日本企業が強い分野だ。日本電気は米国国立標準技術研究所の顔認証技術テストで、数年続けて世界1位を獲得している。2021（令和3）年に開催された東京オリンピックでも、大会会場・施設への入場確認用システムに日本電気の顔認証技術が取り入れられた。

またイスラエルのコルティカなどのスタートアップ企業も技術面で強みを発揮している。


ソフトウェア主導の防衛装備品開発では、デジタルツイン（サイバー空間での再現）やシミュレーション技術も重要な役割を果たしている。デジタルツインを用いると、物理的な装備品やシステムのデジタルコピーを使って動きを仮想環境で再現させることができる。

物理的な試験をやらずに装備品の性能を確認できるので、開発に要する時間と経費が大幅に節約できる。これにAIや機械学習を組み合わせることで、シミュレートしたデータの解析、改善点の洗い出しが迅速にできる。


ソフトウェア主導の防衛装備品開発は、その柔軟性と効率性が大きなメリットであるが、一方でセキュリティや信頼性に関する課題も存在する。AIやソフトウェアが装備品の核心部分を担うことで、サイバー攻撃やシステムの脆弱性が新たなリスクとなる可能性がある。このため、開発段階からセキュリティ対策を講じ、システムの強固さを確保することが重要である。

こうなると防衛装備品の開発は、従来型のいわゆる「防衛産業」の枠をはみ出し、スタートアップを含めたソフトウェア開発やIT（情報通信）関連企業などにも広がることになる。すでにその傾向は現れており、日本でも富士通や日本電気が防衛関連の売り上げ上位に位置しているのは先述した通りだ。それだけではなく、伝統的な重工業型の防衛関連企業でもソフトウエア開発・ＩＴ関連部門の比重は高くなる。先の喩えを用いるならば、デンソーがトヨタに注文を付けるだけではなく、トヨタ社内でもソフト開発・ＩＴ関連部門の比重が高くなるということだ。

4

社会は防衛産業とどう向き合うべきか

軍産複合体とビッグ・ブラザー

防衛産業では軍が唯一の顧客である。また装備品開発では運用要求を満たすことが強く求められる。必然的に両者の意思疎通は密となり、時に不健全な関係の温床ともなる。こうして形成される軍産複合体には、米国大統領のドワイト・アイゼンハワーが１９６１年1月の退任演説で警鐘を鳴らした。

武器を含む軍需品の納入業者は古代から存在していた。ただ近代的な軍産複合体となると、第1次大戦での産業動員が嚆矢であるという見方がある。いずれにせよ発注者（プリンシパル）が軍、受注者（エージェント）が業者・企業という関係は、過去数千年間変わっていない。

しかしその「プリンシパル＝エージェント関係」が、ここに来て変化の兆しを見せている。例えば装備品に関して官僚組織でもある軍隊は、もはや先端技術についていけなくなっている。つまり「情報の非対称性」が存在する。したがって開発だけではなく、維持修理や日常の運用においても、企業による支援が不可欠だ。最先端の技術分野では、むしろ「企業による指導」である場合が少なくない。プリンシパル＝エージェント関係の逆転である。

装備品に限ったことではない。ロシアの侵攻を受けたウクライナでは、イーロン・マスクが最高経営責任者を務めるスターリンクが衛星インターネットサービスを無償で提供している。ただ現地では端末機器が不足していた。そこで米国の国際開発庁（ＵＳＡＩＤ）は、スターリンクが無償でサービスを始めた2カ月後に端末機器５０００個（３００万ドル相当）を供与した。民間企業の義勇団的活動に対し、米国政府が支援に回っている構図だ。

それだけではない。しばらくするとイーロン・マスクは、運用コストを理由に米国政府の支援を求めた。さらに彼はクリミア半島の対露譲渡を提案するなど、支援とは逆の方向にも欧米諸国を翻弄している。

また２０１３年1月にアルジェリアで起こった天然ガスプラントへのテロ攻撃では、英国系ＰＭＳＣが日本に助言を行ったといわれている。多国籍企業でもあるＰＭＳＣは、世界各地で数々の修羅場をくぐってきている。経験や知見で軍や政府機関を上回る場合が少なくないことが、民間企業への依存を高めている。

ジョージ・オーウェルは代表作『一九八四年』（1949年）で、ビッグ・ブラザーが率いる党・政府が市民を「監視」「指導」する社会を描いた。近年の「軍産複合体」では、必然的に防衛関連企業が監視はしないまでも、軍や政府にビッグ・ブラザーとして接している感がある。しかし本来、軍産の双方にとってビッグ・ブラザーたるべきは納税者・有権者だ。我々は決して無関心であってはいけない。

『失敗の本質』が示した課題は未だ解決せず

先に「官僚組織でもある軍隊は、もはや先端技術についていけなくなっている」と述べた。官僚組織は排他的・独善的となる傾向が強いためだ。

マックス・ヴェーバーは官僚組織を、「『単一支配的』な秩序」「ツンフト（引用者註：手工業者同業組合）的閉鎖」と断じている。[*10] 前者は上意下達といった組織の意思決定に、後者は組織の規則・手続きに通じていることを意味する。

日本的な官僚組織には、年功序列の人事制度、暗黙の了解、前例踏襲、浪花節といった慣習が付け加わる。ここで言う「官僚組織」とは軍や官公庁だけではなく、合併・統合を繰り返して巨大化した防衛産業を含む。

これは決して悪いことばかりではなかった。エズラ・ヴォーゲルは『ジャパンアズ ナンバーワン』（1979年）の中で、年功序列賃金は賃金が安い若手社員に対する企業の教育投資を促し、その教育投資は終身雇用の下、長い期間をかけて回収されたと述べている。[*11] 経済合理性に適《かな》っていたわけだ。また暗黙の了解や前例踏襲は、取り引きコストを引き下げる。浪花節は上司・組織に対する忠誠心を高めるかもしれない。

重厚長大の時代にはそれでもよかった。しかし21世紀に入り知識で勝負する時代となると、年功序列・暗黙の了解・前例踏襲は障害となる。これが変わらない限り、宇宙・サイバー・電磁波といった新領域での戦いで優位に立つことは難しい。

例えば技量の高いシステム・エンジニア（ＳＥ）や技術者は、不合理な束縛を嫌う傾向が強い。彼らを動かすのは誰かの指示ではなく、「こういうものを開発したい」という内なる動機だ。ハッカーが典型な例である。多くの場合、彼らは報酬目的で活動していない。怪盗ルパンのように、「米国防省の厳重なセキュリティを突破した」などという、内なる自己満足も動機の大きな部分を占める。またウィキリークスやアノニマスたちも、正義感や悪への反感から動いている。

これからの技術開発では、このような人たち、言ってみれば黒沢映画の「椿三十郎」（１９６２年）のように腕は立つが癖の強い者を、組織に取り込まなければならない。ただし彼らの内な

＊10　マックス・ウェーバー『支配の社会学I』（世良晃志郎訳）（創文社、１９６０年）61、65頁。
＊11　エズラ・Ｆ・ヴォーゲル『ジャパンアズナンバーワン』（広中和歌子・木本彰子訳）（ＴＢＳブリタニカ、１９７９年）第六章。

る動機を引き出すというのは、官僚的管理では到底できない。彼らが官僚的な運営に不合理を感じると、もうダメだ。ＳＥや技術者の高待遇は必要条件だが、決して十分条件ではない。

「およそイノベーション（革新）は、異質なヒト、情報、偶然を取り込むところにはじまる。官僚制とはあらゆる異端・偶然の要素を徹底的に排除した組織構造である」[*12]。太平洋戦争での旧日本軍の組織的欠陥を分析した『失敗の本質』（１９８４年）はこう記す。そこで対象となっているのは戦略的・戦術的意思決定だが、装備開発にも同様の問題があった。

ロシアの侵攻を受けるウクライナでは、「自由と民主主義を守る」という逼迫した使命感に駆り立てられた起業家が、軍用の無人機やソフトウェアの開発に多数参画している。ＮＡＴＯ全体でも、防衛関連のスタートアップ企業の投資は２０２０年からの5年間で5倍以上に増える見込みである[*13]。無人機や人工知能などは、スタートアップ企業が強みを発揮する分野だ。

こうした企業・人材をいかに防衛部門に取り込むか。40年前に出版された『失敗の本質』は、今から80年前に起きた出来事に対する考察だが、そこに書かれている内容は時を感じさせない。逆に言うと、この問題は日本社会の慣習に深く根差しており、未だに解決されていない。

あれほどの犠牲を払った後でも、歴史の上に形成された社会の慣習はそのままだ。これはもはや防衛産業に限った話ではない。ただこの辺りが抜本的に改善されない限り、日本での技術イノベーションは防衛部門・民生部門ともに望むべくもない。

＊12　戸部良一・野中郁次郎他『失敗の本質――日本軍の組織論的研究』（ダイヤモンド社、１９８４年）２７３頁。
＊13　Dealroom Co., "The State of Defence Investment 2024・Resilience builders in NATO & Europe" (Sep., 2024), p.5.

おわりに

コロナ禍もやや落ち着き、秋も深まった頃のことだ。実家の物置を整理していたら、子供の時分に描いた水彩画が出てきた。海上自衛隊の黒い潜水艦が造船所に接岸しており、艦尾には白く「いそしお」と書いてある。

通っていた宝塚市の小学校では、4年生の遠足は神戸港で港巡りをしてから六甲山牧場で昼食という行程だった。遠足の思い出ということで図工の時間に描いたものだが、級友たちが牧場の羊、ポートタワーや大型タンカーを題材とする中で、自分は潜水艦を選んでいた。艦番号が実在しない「585」となっていたのはご愛敬だが、港巡りの船から初めて防衛産業の生産現場を見た経験だった。

物置で潜水艦の水彩画を見つけてから1年ほど経った時、「防衛産業について本を書いてみないか」という話を頂いた。

この話を受けるに当たって、少し欲張った考えが浮かんだ。日本では、「防衛問題」は非日常的な存在である。とにかく防衛問題と社会の間に距離を感じる。その様は、時に教条的ですらある。防衛産業も例外ではない。

しかし莫大なカネと労力を防衛力や防衛産業につぎ込んでいるにも拘わらず、納税者・有権者の関心が低いというのは健全な姿ではない。

そこで本書では、防衛産業の「非日常感」を取り除くことを目指してみた。防衛関連の各企業は、産業革命や経済発展、いうなれば近代市民社会とともにあった。その間に世界は戦争や冷戦を経験し、社会主義経済を脱した国も現れ、資本主義国でも産業構造が大きく変化している。短いながらも、そうした背景を置いて防衛産業を語ると「非日常感」も薄れるのではないか。

人工知能を備えたステルス戦闘機を開発する企業も、100年ばかり前は「雨戸にエンジンとプロペラを付けた」ような飛行機を工房で作っていた。スティーブ・ジョブズがガレージでアップルを創業したことを彷彿させる話が、巨大な防衛関連企業にもある。

本書では、そんな逸話を交えながら防衛産業を語ってみた。

もちろんこれは筆者1人でできるものではない。編集を担当して頂いた、かんき出版の宮脇崇広氏にはこの場を借りてお礼を申し上げたい。「一般の読者にも分かりやすいように」と、原稿に目を通してくれた妻の陽子にも感謝する次第だ。

ところで神戸港の港巡りは、「港クルーズ」と名を変えて健在だ。私が子供の頃に比べると、ポートアイランドや神戸空港もできており、航路は大きく変わっているが、建造中の潜水艦を見ることはできるようだ。

現在の港クルーズからは、潜水艦の建造現場はどの様に見えるのだろう。神戸港にも久しく行っていないが、筆を擱きながら、そんなことがふと頭をよぎった。

2025（令和7）年1月

小野 圭司

参考文献

第1章

防衛省編『令和6年版 日本の防衛――防衛白書』（日経出版、２０２４年）

Stockholm International Peace Research Institute, SIPRI Yearbook 2023 (London: Oxford University Press, 2023)

The International Institute for Strategic Studies, The Military Balance 2024 (London: Taylor & Francis, 2024)

鈴木英夫「経済専業研究所（ＲＥＩＴＩ）ＢＢＬセミナー 岐路に立つ我が国の防衛産業」（２０１３年1月）

小野圭司『日本 戦争経済史』（日経ＢＰ日本経済新聞出版本部、２０２１年）

小野圭司「防衛費増額を考える（その1：ミクロ経済学編）――ランチェスターの二次法則と生産関数の視点」『ＮＩＤＳコメンタリー』〔防衛省 防衛研究所〕第２３７号（２０２２年9月）

小野圭司「防衛費増額を考える（その2：マクロ経済学編）――国民所得統計（ＧＤＰ統計）の視点」『ＮＩＤＳコメンタリー』〔防衛省 防衛研究所〕第２４０号（２０２２年10月）

小野圭司「戦車7倍増産も機械は中国依存、ロシア軍需産業の底力とアキレス腱」『週刊ダイヤモンド』24年7月27日号（２０２４年7月）

第2章

Aeron Martin and Ben FitzGerald, "Process Over Platforms: A Paradigm Shift in Acquisition Through Advanced Manufacturing," Disruptive Defense Papers (Center for a New American Security) (Dec., 2013)

尾上定正、小木洋人、井上麟太「各国防衛産業の比較研究――自律性、選択、そして持続可能性」『地経学研究レポート』〔地経学研究所〕Ｎｏ．１（２０２３年12月）

Department of Defense, National Defense Industrial Strategy (Washington DC: Department of Defense, 2023)

清岡克吉「『米国国家防衛産業戦略』を読み解く」『ＮＩＤＳコメンタリー』第２９８号（２０２４年2月）

小野圭司『いま本気で考えるための日本の防衛問題入門』（河出書房新社、２０２３年）

米国の防衛関連企業ホームページ、年次報告書など

第３章

Ｂ・Ｒ・ミッチェル編『マクミラン世界歴史統計（Ⅰ）ヨーロッパ篇〈１７５０—１９７５〉』〔中村宏監訳〕（原書房、１９８３年）

大川一司ほか『長期経済統計Ⅰ 国民所得』（東洋経済新報社、１９７４年）

High Representative of the Union for Foreign Affairs and Security Policy, European Commission, "A new European Defence Industrial Strategy: Achieving EU readiness through a responsive and resilient European Defence Industry" (March, 2024).

清岡克吉「「欧州防衛産業戦略」を読み解く」『ＮＩＤＳコメンタリー』第３２６号（２０２４年５月）

伊藤弘太郎『韓国の国防政策——「強軍化」を支える防衛産業と国防外交』（勁草書房、２０２３年）

欧州・韓国の防衛関連企業ホームページ、年次報告書など

第４章

N.R. Jenzen-Jones, Global Development and Production of Self-loading Service Rifles: 1896 to the Present (Geneva: Small Arms Survey, 2017)

小泉悠『軍事大国ロシア——新たな世界戦略と行動原理』（作品社、２０１６年）

曹勤「中国産業近代化初期における企業基盤——清末期の重工業成立」『帝京経済学研究』第26巻第2号（２００３年３月）

山口信治「朝鮮戦争と中国の軍事興業——中華人民共和国建国初期における軍事工業建設計画１９４９—１９５３」『戦史研究年報』〔防衛省 防衛研究所〕第17号（２０１４年３月）

Ministry of Defence (UK), Defence Industrial Strategy: Defence White Paper, (London: The Stationery Office Limited, 2005)

Jennifer Wong Leung et. al., ASPI'S Two-Decade Critical Technology Tracker: The Rewards of Long-Term Research Investment (Canberra: Australian Strategic Policy Institute, 2024)

小野圭司『戦争と経済——舞台裏から読み解く戦いの歴史』（日経ＢＰ日本経済新聞出版、２０２４年）

ロシア・中国・イスラエル・インド・トルコの防衛関連企業ホームページ、年次報告書など

第５章

「国家安全保障戦略」（２０２２年12月16日、閣議決定）
「国家防衛戦略」（２０２２年12月16日、閣議決定）
「防衛力整備計画」（２０２２年12月16日、閣議決定）
Public Diplomacy Division, NATO, "Defence Expenditure of NATO Countries (2014-2024) "Press Release (17, June, 2024)
防衛装備庁装備政策課「防衛産業の実態――ご説明資料」〔防衛装備に係る事業者の下請適正取引等の推進のためのガイドライン策定に向けた有識者検討会〕（２０２３年６月）
川上景一「我が国製造業の現状と課題（防衛産業について）」『月刊ＪＡＤＩ』第７０７号（２００６年４月）
Ｊ・Ｂ・コーヘン『戦時戦後の日本経済 上巻』〔大内兵衛訳〕（岩波書店、１９５０年）
Michael Rich, et. al., "Multinational Coproduction of Military Aerospace System" (Rand Corporation, R-2861-AF), (Oct., 1981)
U.S. Governmental Accountability Office, "F35 Join Strike Fighter; More Actions Needed to Explain Cost Growth and Support Engine Modernization Decision, " (GAO-23-106047), (May, 2023)
防衛庁編『昭和57年版 防衛白書』（大蔵省印刷局、１９８２年）
防衛庁編『平成７年版 防衛白書』（大蔵省印刷局、１９９５年）
防衛省編『平成19年版 日本の防衛――防衛白書』（ぎょうせい、２００７年）
防衛省編『平成22年版 日本の防衛――防衛白書』（ぎょうせい、２０１０年）
ジャパン・シップ・センター他「世界海運・造船市場の現状と経済危機の影響に関する調査報告書」（２００９年４月）
全日空『アニュアルレポート２００７』（全日本空輸、２００７年）
防衛省編『令和４年版 日本の防衛――防衛白書』（日経印刷、２０２２年）
防衛省編『令和６年版 日本の防衛――防衛白書』（日経印刷、２０２３年）
小木洋人「日本の防衛産業政策――その有効性の評価と対策の提言」『戦略研究』第34号（２０２４年３月）
安藤詩織「経済的視点による今後の日本の防衛部門――防衛産業の経済活動のこれから」『戦略研究』第34号（２０２４

年３月）
日本の防衛関連企業ホームページ、年次報告書、有価証券報告書など

第６章

藤川隆明「防衛装備移転三原則及び運用指針の改正――次期戦闘機に係る改正までの経緯・改正内容・現行制度の概観」『立法と調査』第４６６号（２０２４年４月）
沓脱和人「「武器輸出三原則等」の見直しと新たな「防衛装備移転三原則」」『立法と調査』第３６１号〔参議院事務局〕（２０１５年２月）
神田國一『主任設計者が明かすＦ－２戦闘機開発――日本の新技術による改造開発』（並木書房、２０１８年）
手嶋龍一『ニッポンＦＳＸを撃て――日米冷戦への導火線・新ゼロ戦計画』（新潮社、１９９１年）
大月信次・本田優『日米ＦＳＸ戦争――日米同盟を揺るがす技術摩擦』（論創社、１９９１年）
Michael Green, Arming Japan: Defense Production, Alliance Politics, and the Postwar Search for Autonomy (New York: Colombia University Press, 1995)
外務省「政府安全保障能力強化支援の概要」（２０２３年４月）
国家安全保障会議「政府安全保障能力強化支援の実施方針」（２０２３年４月５日）
福永晶彦「将来戦闘機等装備品国産化と我が国の防衛産業」『戦略研究』第34号（２０２４年３月）
小野圭司「次期戦闘機『日英伊共同開発』は〝伏魔殿〟か、防衛産業の新たな境地か？」ダイヤモンド・オンライン配信記事（２０２５年１月）

第７章

マイケル・ハワード『ヨーロッパ史における戦争』〔奥村房夫・奥村大作訳〕（中公文庫、２０１０年）
John J. McGrath, "The Other End of the Spear: The Tooth-to-Tail Ratio (T3R) in Modern Military Operations" The Long War Series Occasional Paper23 (Fort Leavenworth, KS: Combat Studies Institute Press, 2007)
今福博文「航空自衛隊の技術開発について――航空防衛戦略の観点から」『戦略研究』第29号（２０２１年10月）

（公財）航空機国際共同開発促進基金【解説概要21－1】「フライ・バイ・ワイヤの技術動向」
マックス・ウェーバー『支配の社会学Ⅰ』〔世良晃志郎訳〕（創文社、１９６０年）
ジョージ・オーウェル『１９８４』〔田内志文訳〕（角川文庫、２０２１年）
エズラ・F・ヴォーゲル『ジャパンアズナンバーワン』〔広中和歌子・木本彰子訳〕（ＴＢＳブリタニカ、１９７９年）
戸部良一・野中郁次郎 他『失敗の本質――日本軍の組織論的研究』（ダイヤモンド社、１９８４年）
戸部良一「明治の軍人と昭和の軍人」『軍事史学』第52巻第1号（２０１６年６月）
Dealroom Co., "The State of Defence Investment 2024: Resilience builders in NATO & Europe" (Sep., 2024)
P・W・シンガー『戦争請負会社』〔山崎淳訳〕（日本放送出版協会、２００４年）
Seth G. Jones, et. al., Russia's Corporate Soldiers: The Global Expansion of Russia's Private Military Companies (Washington D. C.: Center for Strategic and International Studies, 2021)
小野圭司「ロシアによるウクライナ侵攻の経済学（その１）――ロシアの民間軍事会社（ＰＭＳＣ）」『ＮＩＤＳコメンタリー』（２０２２年5月）
小野圭司「民間軍事会社（ＰＭＳＣ）の動向――テロへの対応と経済学の視点」『防衛研究所ブリーフィング・メモ』（２０１５年12月）
小野圭司「民間軍事会社（ＰＭＳＣ）による海賊対処――その可能性と課題」『国際安全保障』第40巻第3号（２０１２年12月）
小野圭司「民間軍事会社（ＰＭＳＣ）の管理・規制を巡る新しい動き――「国際行動規範」成立に向けて」『防衛研究所ブリーフィング・メモ』（２０１０年7月）
小野圭司「人工知能（ＡＩ）の発展と軍隊――組織の在り方に関わる唯物論的考察の試み」『戦略研究』第26号（２０２０年2月）
小野圭司「人工知能（ＡＩ）による軍の知的労働の代替――ＡＩと人間の共生の問題としての考察」『防衛研究所紀要』第21巻第2号（２０１９年3月）
小野圭司「人工知能（ＡＩ）の第2次ブームと軍用システムへの応用――エキスパート・システムによる判断支援の試みと限界」『防衛研究所ブリーフィング・メモ』（２０１９年5月）

小野圭司「人工知能（ＡＩ）による軍の機能代替――知的労働の代替と共生に関する試論」『防衛研究所ブリーフィング・メモ』（２０１８年９月）
小野圭司「解説 急速に発展するＡＩ兵器開発と日本の現状」ルイス・Ａ・デルモンテ『ＡＩ・兵器・戦争の未来』（川村幸城訳）（東洋経済新報社、２０２１年）

I

J

K

M

P

R

S

T

U

V

Y

た

第4次中東戦争（1973年）......................... 112
大韓航空機撃墜事件（1983年）................ 145
対共産圏輸出統制委員会（ココム：COCOM）
.... 222
たいげい型潜水艦 204
ダッソー・アビアシオン（フランス企業）
.... 95, 111, 128
チャレンジャー2戦車（英）.................. 106, 115
チャレンジャー3戦車（英）......................... 115
中国航空工業集団（中国企業）........... 41, 158
中国商用飛機（中国企業）....................... 158
中国船舶集団（中国企業）....................... 163
朝鮮戦争（1950～53年）........... 129, 197, 220
ツポレフ（ロシア企業）............................... 147
テジャス戦闘機（印）................................. 173
天安門事件（1989年）.............................. 156
統一航空機製造会社（ロシア企業）........... 147
統一造船会社（ロシア企業）.............. 146, 151
東芝 215
東芝機械事件（1987年）.................. 223, 236
トーネード攻撃機・戦闘機（英独伊）
.... 95, 96, 109, 118, 173, 232
トップガン（映画：1986年）.......................... 74
トライデント潜水艦発射弾道ミサイル（米）
.... 68, 84

な

日本製鋼所 114, 217
日本電気（NEC）................ 44, 213, 214, 262
ノースロップ・グラマン 74, 89

は

バイカル（トルコ企業）............................... 175
バイラクタルTB2（トルコ）................... 176, 247
はぐろ（護衛艦）.. 77
はたかぜ型護衛艦 108
はつゆき型護衛艦 108
ハブソラ（イスラエルAIシステム）................. 262
日立製作所 213, 217, 262
ヒンドスタン航空機（インド企業）................. 172
武器輸出三原則（1967年）............... 225, 226
武器の規格（NATO規格）
.... 29, 47, 49, 132, 166, 168
武器の規格（旧ソ連規格）
.... 29, 47, 146, 166, 168, 255
武器輸出についての政府統一見解（1976年）
.... 225
富士通 44, 212
福建（中国空母）...................................... 164
フライ・バイ・ワイヤ 260
プリンシパル＝エージェント関係 265
ベトナム戦争（1961～75年）.......... 60, 130, 254
ペリー，ウィリアム 58
防衛省AI活用推進基本方針（日本：2024年）
.... 261
防衛生産基盤強化法（日本：2023年）........ 181
防衛装備移転三原則（日本：2014年）
.... 226, 228, 242
防衛力整備計画（日本：2022年）....... 180, 184
豊和工業 220
ボーイング 40, 79, 86, 104, 126, 135
ホーク練習機・攻撃機（英）....... 103, 109, 136
ボフォース（スウェーデン企業）....... 30, 103, 122

ま

ミグ（ロシア企業）.............................. 144, 147
三菱重工業 40, 44, 196, 203, 211, 238, 251
三菱電機 44, 73, 215
ミニットマン大陸間弾道ミサイル（米）........... 83
ミラージュ5戦闘機（仏）............. 112, 166, 171
ミラージュIII戦闘機（仏）........................... 112
ミラージュF1戦闘機（仏）............................ 97
ミル（ロシア企業）..................................... 148
民間軍事会社（PMSC）............................ 254
無人機（ドローン）
.... 41, 148, 169, 171, 172, 175, 246
もがみ型護衛艦 199

や

ヤーセン級攻撃型原子力潜水艦（露）....... 152
有償援助（FMS）....................................... 184
ユーロファイター戦闘機（英独伊西）....... 95, 96,
109, 113, 118, 123, 128, 135, 160, 173, 232, 234
洋務運動（中国）....................................... 154
四つの近代化（中国）................................ 155

索 引

あ

アーレイ・バーク級駆逐艦（米）.................... 89
アスチュート級攻撃型原子力潜水艦（英）... 105
アトランティック対潜哨戒機（仏）................ 112
アヴィオ（イタリア企業）........................ 210, 238
あぶくま型護衛艦 199
アヘン戦争（1839～42年）.......................... 154
アポロ計画（米国宇宙開発計画）.................. 65
アルファジェット攻撃機・練習機（仏独）.. 95, 96
アロー戦争（1856～60年）.......................... 154
安全保障三文書（戦略三文書、防衛三文書）
.... 51, 178, 186
イージス・システム（米）.................... 33, 66, 89
イスラエル・エアロスペース・インダストリーズ
.... 170
イラク戦争（2003年）...................... 50, 60, 254
イリューシン（ロシア企業）.......................... 147
インターステラテクノロジズ（日本の宇宙開発新興企業）... 253
ヴァージニア級攻撃型原子力潜水艦（米）
.... 88, 153
ヴァンガード級原子力潜水艦（英）............... 68
ウクライナ侵攻（ロシアによる）............... 21, 25, 48, 50, 60, 67, 71, 87, 98, 99, 115, 122, 133, 146, 148, 149, 150, 169, 183, 247, 256, 262
ウクライナ防衛工業 48
宇宙航空研究開発機構（JAXA）....... 180, 237
ウラルヴァゴンザヴォート（ロシア企業）
.... 50, 147, 150
エアバス（欧州企業）
.... 40, 81, 95, 126, 135, 251
エリコン（スイス企業）........................... 30, 114
エルビット・システムズ（イスラエル企業）
.... 47, 167
欧州防衛産業戦略 98, 180

か

カールグスタフ無反動砲（スウェーデン）...... 125
海南（中国強襲揚陸艦・075型）......... 162, 165
風立ちぬ（映画：2013年）................... 197, 238
カモフ（ロシア企業）.................................. 148
カラシニコフ（ロシア企業）............ 44, 144, 148
川崎重工業 44, 202, 211
韓国航空宇宙産業（KAI）.......................... 134
北大西洋条約機構（NATO）......... 24, 92, 222
キロ級潜水艦（露）.....................................153
クイーン・エリザベス級航空母艦（英）........ 104
クフィル戦闘機（イスラエル）........................ 171
紅の豚（映画：1992年）..................... 118, 238
グローバル戦闘航空プログラム（GCAP：日英伊）
.... 237
現代ロテム（韓国企業）......................... 86, 137
国家安全保障戦略（日本：2022年）
.... 179, 226, 240
国家防衛産業戦略（米国：2024年）............ 60
国家防衛戦略（日本：2022年）................... 179
ゴトランド級潜水艦（スウェーデン）............ 124
小松製作所 216
こんごう（護衛艦）.. 67

さ

サーブ（スウェーデン企業）.......................... 121
ジェネラル・ダイナミックス
.... 49, 64, 66, 85, 131, 202
ジェラルド・R・フォード（米・空母）....... 76, 104
次期戦闘機（日英伊共同開発）
..... 40, 103, 109, 118, 210, 211, 215, 231, 237
失敗の本質（1984年）............................... 268
渋沢栄一 208, 212
ジャギュア攻撃機・練習機（英仏）
.... 95, 96, 109
ジャパン アズ ナンバーワン（1979年）......... 266
ジャパンマリンユナイテッド（日本企業）........ 210
シュペル・エタンダール攻撃機（仏）........... 112
しらせ（砕氷艦・南極観測船）..................... 210
新明和工業 219
スターリンク（米国企業）..................... 253, 265
ストックホルム国際平和研究所（SIPRI）
.... 20, 21, 35, 158
スペースシャトル 80
スペースワン（日本の宇宙開発新興企業）.... 253
スホーイ（ロシア企業）........................ 144, 147
政府安全保障能力強化支援（OSA：日本）
.... 240, 242
政府開発援助（ODA）....................... 241, 242
ゼネラル・エレクトリック 97, 173
戦術ミサイル企業（ロシア企業）.................. 146
そうりゅう型潜水艦 124

ブックデザイン——新井大輔
組版・図版作成——エヴリ・シンク

MEMO

MEMO

MEMO

MEMO

【著者紹介】

小野　圭司（おの・けいし）

◉——防衛省 防衛研究所　主任研究官

◉——1963年兵庫県生まれ。1988年京都大学経済学部卒業後、住友銀行を経て、1997年に防衛庁 防衛研究所に入所。社会・経済研究室長などを経て2024年より現職。この間、青山学院大学大学院修士課程、ロンドン大学大学院（SOAS）修士課程修了。専門は戦争・軍事の経済学、戦争経済思想。

◉——著書に『戦争と経済 舞台裏から読み解く戦いの歴史』（日経BP 日本経済新聞出版、2024年）、『いま本気で考えるための 日本の防衛問題入門』（河出書房新社、2024年）、監修書に『サクッとわかる ビジネス教養 防衛学』（新星出版社、2024年）などがある。

これからの世界《せかい》情勢《じょうせい》を読《よ》み解《と》くための必須《ひっす》教養《きょうよう》

防衛産業《ぼうえいさんぎょう》の地政学《ちせいがく》

2025年２月17日　　第１刷発行

著　者——小野　圭司

発行者——齊藤　龍男

発行所——株式会社かんき出版

東京都千代田区麹町4-1-4 西脇ビル　〒102-0083

電話　営業部：03(3262)8011㈹　編集部：03(3262)8012㈹

FAX　03(3234)4421　　　　　振替　00100-2-62304

https://kanki-pub.co.jp/

印刷所——新津印刷株式会社

　ISBN 978-4-7612-7793-2 C0031